スローシティ

世界の均質化と闘うイタリアの小さな町

島村菜津

光文社新書

まえがきに代えて

なぜ、私たちはトルーデに来なければならなかったのか?

～世界の町がどこか似通ってくるという面白くもない事実について

アブルッツォ州

フランカヴィッラ・アルマーレ

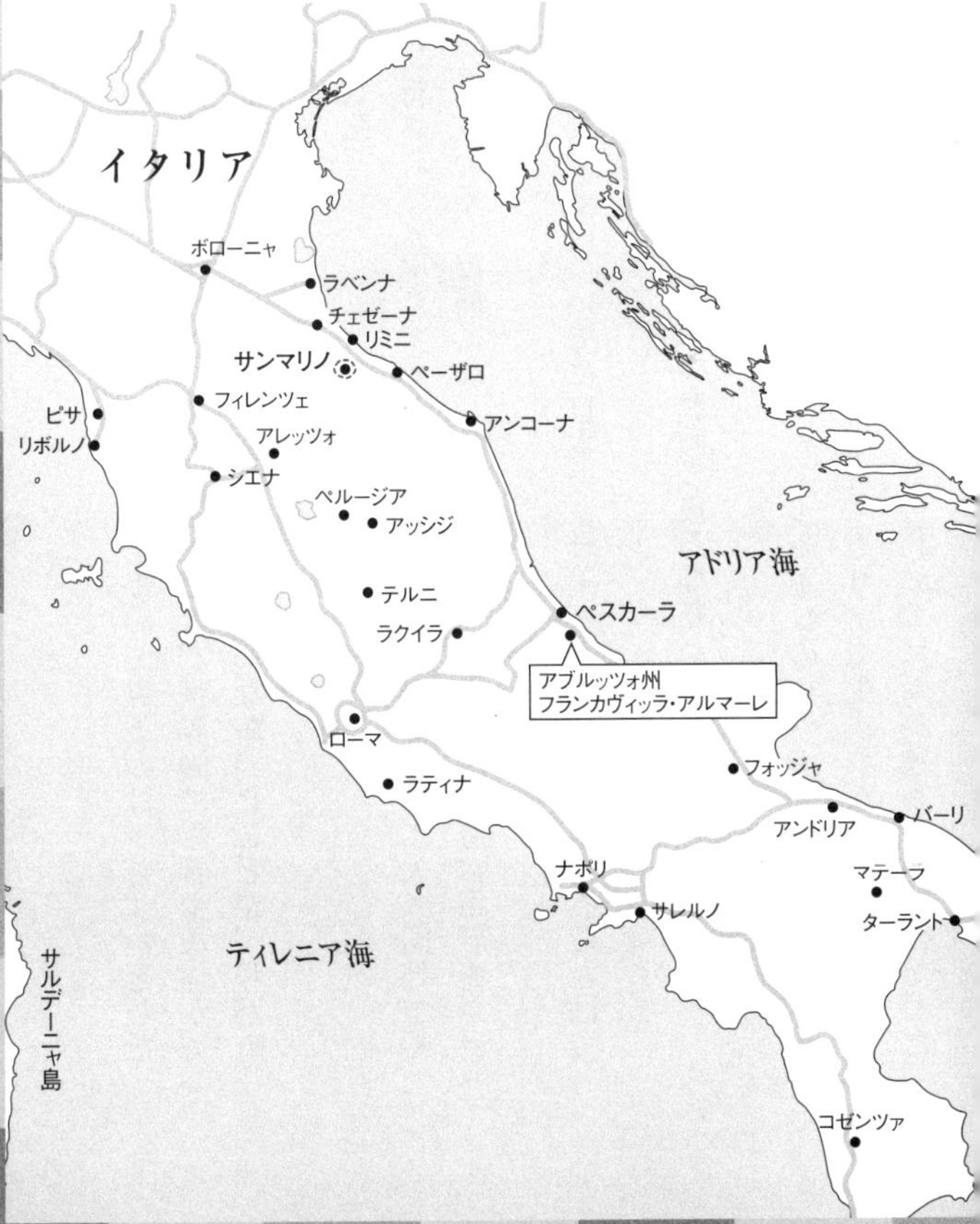

住みなれた町を、そこに初めてやってきた人といっしょに歩いてみるのは、ちょっとしたスリリングな体験だ。当たり前だと思い込んでいたものが、実は、世界的にも希少な何かであることを発見したり、その逆に、どこも同じだろうと気にもとめなかったことが、わが町だけのすてきな例外であることを教えられたりもする。

数年前にも、そんな経験をした。

2005年、愛知万博に招待され、イタリアから小さな町の町長が2人、ご夫人同伴でやってきた。人生初の訪日だというので、直前になって不安になったものか、急に電話をかけてよこした。

「来週、名古屋へ行くのだけれど、そのついでに日本のスローシティ候補を訪れることはできないかね」

その声を耳にして鮮明に蘇《よみがえ》ったのは、一人の漁師の後ろ姿だった。

電話の相手は、アブルッツォ州フランカヴィッラ・アルマーレのロベルト・アンジェルッチ町長だった。そしてスローシティとは、1999年にイタリアで生まれた5万人以下の小さな町のネットワークだ。人間サイズの、人間らしい暮らしのリズムが残る町の連合だった。

それからぷっつり話が聞こえてこない。何年もなりを潜めていたと思ったら、その間、スローシティとしての条件をああでもない、こうでもないと検討していたらしい。

ロベルトのことを知ったのは、02年、彼の町が、最初のスローシティ賞を受賞した時だった。

フランカヴィッラ・アルマーレは初めて聞く名だったし、ガイド本にも載ってはいない。それは古い町並みが残っていないからで、それには理由があった。大戦が終結する頃、北へと逃げるドイツ軍の地雷と連合軍の爆撃が、この町のほとんどを破壊してしまったからだ。それは歴史の香りを根こそぎ消し去り、再建されたのは近代的な町だった。

スローシティ賞を受賞した時のロベルト・アンジェルッチ町長

だが、失われたものに執着したところで仕方ない。それより今、あるものに目を向けよう。そう考えた時、そこには何はなくとも自然だけはあった。町のすぐ背に山が迫り、目前にはアドリア海が輝いていた。やがて国が豊かになるにつれ、

フランカヴィッラ・アルマーレの漁師、ジョヴァンニ

ジョヴァンニが釣った魚を浜で売りさばく奥さん

海水浴や山歩きができる避暑地として知る人ぞ知る町になる。別荘を買う都会の人も現れ、戦後1万人ほどだった人口は、2万5000人近くになった。だが、水質の良さは、今も変わらない。

　ロベルトが町長になったのは90年代末。地方財政も逼迫《ひっぱく》してきた時代だった。何をやるにも予算をかけず、知恵を絞るしかなかった。そのため彼は、まず週に2日、午前中を市民たちの話を聞く時間に充てた。イタリアの小さな町の町長は、よろず相談係だと誰もが言うが、実際に予定に組み込んだのは、彼が初めてだった。「市民たちの声を聴く時間を死守するためには、たとえ、急遽《きゅうきょ》、アメリカからクリントン大統領がやってきたとしても、そちらをお待たせします」と公約に謳《うた》った。そして実行した。今度は、そこから集めたアイデアで町の活性化に乗り出した。と書けば、まるでおとぎ話のようだが、そこはまあ、小さな町だからできた。
町の経済を支えるのは、野菜と果実の小さな農家だった。彼は、そうした山間地の農家のために直売所を作った。漁業人口はしかし、激減の一途をたどっていた。わずかに残った25艘ほどの小舟の漁師のために、朝、釣り上げた魚をその浜で販売できる売店の営業許可証を発行した。ヴァカンスに押し寄せる海水浴客の苦情を解消するため、漁具をしまうお洒落《しやれ》な小屋も作った。

フランカヴィッラ・アルマーレで、私は朝4時に起きて、ジョヴァンニという若い漁師の舟に乗せてもらった。しかし乱獲によって、地中海の魚は涙が出るほど減っていた。ジョヴァンニが前日にしかけた400mの網を4本巻き上げても、ヒラメが2匹、スズキが3匹、めぼしい魚はわずかだった。
網を巻き上げるロールのカラカラと乾いた音と、黄色い合羽姿の寡黙なジョヴァンニの背中を見ながら、10年後も彼は漁を続けているだろうか、とふと思った。

そのフランカヴィッラ・アルマーレでお世話になったロベルトが、初めて日本へ来るというのだから、案内しないわけにはいかない。いっしょにやってきたのは、ローマの市町村連合の副会長だったチェンティーニ氏。その後、震災で知られることになるラクイラの元町長だ。

どこへ案内したものかと迷い、日本にもスロータウン連合があったことを思い出した。それはまちがいなく、イタリアのスローシティに着想を得たものだったが、残念なことに、2つは連動していなかった。これも何かの縁だし、ひょっとすると、これをきっかけに何らかの交流が始まるかもしれないと、スロータウンの事務局だった三菱戦略事業部に連絡すると、社員の一人が休日返上でつき合ってくれることになった。「滋賀県の高島市の市長が、数年前からスロータウン連合の会長をしている。名古屋からも遠くないし、そこがいいでしょう」という。私も初めて訪れる町だった。


さて、名古屋から米原で新幹線を乗り換え、高島まで列車で向かったが、その中でイタリア人一行は、これでもかとばかりに悪態をついた。

おそらく、初の訪日のために谷崎潤一郎や川端康成を読み、京都や奈良のガイド本に目を通してきたのだろう。そしてイメージを膨らませてきた日本と、実際に目の前にする風景とのギャップに、彼らは猛然と憤慨していた。

「どうして名古屋には、あんなに高層ビルばかり、どかどか立っているんだね。君たちはアメリカの猿まねがしたいのかね」

はるばる案内に東京から馳《は》せ参じた日本人を前に、えらく遠慮のない人たちだとは思ったが、車窓の景色が、郊外の住宅地に変わると事態はさらに悪化した。

「さっきから同じ家ばっかりじゃないか。店もチェーン店ばっかりだ」

「看板の規制はないのかね?」

「あ〜あ、日本は電線が、地上に出てしまっているんだな」

散々、罵倒《ばとう》した挙句、「あのジャポニズムの美意識は、どこへ行ってしまったのかね」と言い出す始末だ。

夫人たちも同調こそすれ、制止するでもない。美しくないのは、わかっている。高度経済成長の中で、何かをかなぐり捨ててきたのもわかっている。戦後の復興で懸命に走ってきて、気がつけば、町が奇妙な均一化を遂げていた。それも重々承知している。だが別に新幹線の車窓の風景や、この地域だけがひどいわけではない。東京や大阪の郊外も同じだ。九州から北海道まで遠くに旅をしたところで、国道沿いを車で走り、駅前や住宅地を歩いている限り、事態はそう変わらない。

居たたまれない気分は、あまりぱっとしない高島市の新旭駅前まで続いたが、やがて、休日返上で出迎えてくれた役場の人たちと新旭町を歩き始めた時、少しずつ事態が変化した。

昼食は、そば打ちの会の人たちが、そばを打って見せてくれた。イタリアにもそば食文化はある。300年ほど前に中国から伝わったものだ。中国はやはり偉大だった。しかし、イタリアのそば麺は太めのきし麺状で、これほどに繊細なそば打ちの技術は、日本独特のものだ。農家のおかあさんたちは、自分たちで作った野菜を天ぷらにしてくれた。イタリア人たちは、そのあたりから俄然、機嫌が良くなる。

やはり、文化交流の鉄則は、胃袋からだった。


琵琶湖に面したこの新旭町には、江戸時代から続く川端《かばた》という水使いが残っていた。町をめぐる水路には鯉が遊び、自宅に引き込んだ井戸にはその水路の水が流れ込み、ご飯粒を鯉に与えていた。それも観光のためではなく、暮らしの中に残っている遺産なので、地元のボランティアの人たちが挨拶しながら、個人の庭先や台所を案内してくれる。その水は川をつたい、琵琶湖へと注いでいた。琵琶湖の水を守ろうとする住民たちのさまざまな取り組みもあった。

たった数時間で、ロベルトたちの表情がすっかり和《やわ》らぎ、午後になると、散歩しながら、こうつぶやいた。

「なんだ、日本にもちゃんとスローな町があるんじゃないか。安心したよ」

ほっとしたのは、こちらの方だった。

その数日後、彼らは成田から帰国するというので東京でも会うことにした。

そこで、早朝の魚河岸《うおがし》を夫が案内し、新宿の高層ビル街とネオン街、足元に残る飲み屋街を私が案内することにした。せっかくなら、イタリアにないアジア的な町並みを見せておくのもいいだろう。

新宿駅から群衆とともに押し出され、その流れに身を任せながら歩いていると、百貨店の入り口に至るあたりで、数メートル前を歩いていたロベルト夫婦を見失った。

2人を捜しながら歩いていると、ずっと押し黙っていたチェンティーニが、独りごとのようにつぶやいた。

「きっと彼は、わかっていたんだな。世界の都市がこうなるということを」

何のことかと訊《たず》ねた。

「君は、カルヴィーノの『見えない都市』を読んだかね?」

「ええ、学生時代ですけど……」

「それじゃ、あの中にある、はるばる遠く旅してやってきた町が、旅立った町と瓜二つだったという逸話を覚えているかね」

正直なところ、まったく記憶の外だった。読むには読んだが、都市に関する55編の短編をすべて覚えているはずもなかった。おかまいなしにチェンティーニは続けた。彼には、名古屋と東京が同じに見えたのだろうか。それともニューヨークやミラノと比較していたのか。

彼は、冗談めかしてこう言った。

「いいかい、現代都市というものは、足を踏み込んで、最初はなかなか刺激的だ。わくわくする。しかし、ものの半時もすれば、友を見失ってしまうんだ」

それから間もなくして再びめぐり会えたロベルトはというと、出会いがしらに、両手で大きなビルを聳《そび》えさせる仕草をする。

「高層ビルがいくつも建設中じゃないか。いったい、どうなっているんだ、この街は。石油が枯渇するかもしらんと言われている時代に、お前たちは、どうして、こう巨大なものばかり造ろうとするんだ」

日本国民として、私にも責任の一端がないとは言わない。だが、それこそ、私も誰かに一度、訊ねてみたいことだった。都市部の高い地価を存続し、高層化をさらに押し進め、ますます人口を集中させた先にどんな未来を描いているのか、と。

その夜、さっそくイタロ・カルヴィーノの短編のことが気になって、『見えない都市』の文庫版（米川良夫訳、河出文庫）を開いてみると、チェンティーニの言っていたのは、トルーデという町のくだりだった。

それは、マルコ・ポーロが、目にしてきた世界中の国々のことを、タタール人の王、フビライ・ハンに報告するというかたちをとった短編小説だ。そして、それらの実在しない町々は、カルヴィーノが目にした現代の都市を投影したのだという。

しかし、この70年代に書かれた小説を読み返して、私は戦慄《せんりつ》した。短編の中で、マルコ・ポーロは、ハンにこう伝えていた。


トルーデの地を踏んだとき、大きな文字で書かれたこの都市の名を読んでおりませんでしたら、私は自分が出発してきたばかりの同じ空港に到着したと思いこむところでございました。延々と通り抜けさせられるその郊外は、黄と緑の色を帯びた同じ家並の、あのもう一つの郊外と異るところはございませんでした。同じ矢印にしたがって、同じ広場の同じ花壇のまわりを迂廻するのでございました。都心の街路は何一つ変わることのない商品、包装、看板を見せびらかせておりました。

そして、自分が宿泊するホテルもすでに知っている同じ空間ならば、そこで交わされる会話までもが何もかも同じだった。

マルコ・ポーロは自問する。

「なぜトルーデに来なければならなかったのか？――と」

すると、トルーデの住民たちは、平然とこう告げるのだった。いつでも自由な時に、この町を去ることができる、しかし……。

また、何から何まで同じもう一つのトルーデに着くのです。世界はただ一つのトルーデで覆いつくされているのであって、これは始めもなければ終わりもない、ただ飛行場で名前を変えるだけの都市なのです。

なぜ、私たちはトルーデに来なければならなかったのか？

そんなことを自問しながら、私は、これまで歩いたイタリアの小さな町のことをふり返ってみることにした。スローシティやイタリアの美しい村連合に共鳴した小さな町、あるいは、モーダの王者が創り上げた大農場やオーガニックの父と呼ばれた人物の住む村。

グローバル社会の中で、人が幸福に暮らす場とは何かということを問い続け、町のアイデンティティをかけて闘う彼らの挑戦に、その答えを探ってみたい。

日本を覆っていく閉塞感《へいそくかん》の一つに、私は、この生活空間の均質化というものがあるように思う。郊外型の巨大なショッピングセンター、世界中同じような映画ばかり上映するシネコン、画一的な住宅街、駅前や国道沿いに並ぶチェーン店……。

だが、はたして私たちに、この世界の均一化から逃れるすべはあるのだろうか。

それとも世界のどこにもない個性的な町など、もはやおとぎ話に過ぎないのか。スピードと効率と競争の時代、人間という生き物を置き去りにしない、人と人との交流の場を大切にする、そんな夢のような町は、はたして可能なのだろうか。

※イタリアの自治体は、ローマ市も人口数十人の村も、すべてコムーネと呼ばれ、対等に扱われます。本書では、それぞれのコムーネの規模に応じて、便宜的に市、町、村などと使い分けています。詳しくは122ページを参照してください。

目次

1章

人が生きていく上で必要なもの、それは人間サイズの町だ

トスカーナ州

グレーヴェ・イン・キアンティ

＊世界が憧れる豊かな田舎は、かつて過疎に喘いでいた

私が大学を卒業し、雑誌の取材などで生計を立て始めた90年代、日本の雑誌は、これでもかというほどトスカーナ特集に明け暮れた。フィレンツェやシエナという珠玉の宝石を支えた豊かな田舎としてのトスカーナ州。

これに先駆けて、文化の香り漂う美しい田舎、トスカーナを印象づけたのは、たとえば、亡命ロシア人、A・タルコフスキー監督の『ノスタルジア』（83年）やJ・アイヴォリー監督のイギリス映画『眺めのいい部屋』（86年）といったスクリーンの世界だった。

また、ロケ地の美しい田園風景は、新しい心の旅を予感させた。

それらに惹《ひ》かれて足しげく通ったトスカーナの田舎町は、どこをとっても期待を裏切ることはなかった。あちらこちらに残る歴史の断片は、どんな小さな欠片《かけら》さえ、この上なく大切にされ、どんな辺鄙《へんぴ》な場所にも地元の素材を使ったおいしい店があった。素朴な農家民宿があり、修道院や貴族の邸宅を活かした贅沢なホテルがあった。広場のベンチやバールにたむろする老人たちも、満足げに見えた。

どんな小さな町にも、地元の誇りと郷土愛を感じた。誰もが地元の美しさをたたえ、教会や名物料理の自慢は尽きることがなかった。

それは、ソクラテスやアリストテレスが、大きくなり過ぎないことを願った国家、ポリスの伝統を受け継ぐ感性であり、19世紀末まで都市国家の集合体だったイタリアの自治力のたまものだと考えていた。そしてイタリアの田舎は、日本のような劇的な過疎化などついぞ経験することもなかったかのように錯覚していた。

ところが、それはとんだ思い違いだった。

2008年の夏、トスカーナ州グレーヴェ・イン・キアンティの元町長、パオロ・サトゥルニーニは、こう言った。

「今や、世界中から観光客がやってくるトスカーナ州の田舎も、50～70年代には劇的な過疎化に喘《あえ》いでいたんだ」

料理の腕も抜群のパオロ・サトゥルニーニ

グレーヴェ・イン・キアンティは、三角形の美しいマテオッティ広場で知られるキアンティ地方の小さな町だ。広場の回廊には、食堂や個人店やホテルが並んでいる。

その中の一軒のバールで、パオロは熱心に話し始めた。彼はその苦しい時代を、身をもって経験していた。

三角形のマテオッティ広場

「僕は農家の次男坊でね。ちょうどグレーヴェとパンツァーノの間に実家があった。60年代の子供の楽しみといえば、休日に町でアイスクリームを買ってもらうか、数カ月に一度、映画に連れていってもらうくらいだった。その頃は観光客なんて、ぜんぜんいなかった。今もよく覚えているけど、5歳くらいの私と祖母がよくやった日曜日の遊びは、国道をフィレンツェへ行く車と、シエナへ向かう車の数を競うことだった。ところが、1時間ずっと見守っていても車はせいぜい5〜6台しか通らない。私は退屈で死にそうだし、祖母もうとうとし始める。その遊びも日曜だから成立するが、平日では無理だった。そのくらい人が来なかった。この辺は80年代まで、ちっとも観光地なんかじゃなかった。当時は田舎に遊びに行くという発想さえなかったんだよ」

耳を疑うとはこのことだ。現在のトスカーナからは想像もつかない。

「昔はトスカーナ人も、ここが何もない田舎だと思っていたんですか?」

確認せずにいられなかった。

パオロはきっぱりと答えた。

「ああ、そうだ。何もない、世界から忘れられていくばかりの田舎、そう感じていた。フィレンツェやシエナは芸術品もある古都だ。常に観光客もいた。しかし、キアンティ地方は、その頃、砂漠地帯なんて言われていた。美術品もない、娯楽もない、海もない、おまけに高速道路も通らない」

まるで日本の田舎ではないか。年寄りばかりで、若者たちが残らない、仕事がない、病院がない、映画館がない、新幹線も通らない。

これは他人事《ひとごと》ではないと、私は身を乗り出した。

*トスカーナを変えたものとは？

冷静になってみれば、イタリアに過疎化がなかったなどと考える方に無理があった。イタリアは、日本と同じように第二次世界大戦の敗戦国だ。しばらく食料不足の苦しい時代が続き、50年代からは日本と同様に工業化社会への転換が起こる。

遅れているというレッテルを貼られた南部の沿岸部を中心に、大がかりな工業地帯が次々と出現する。都市化も進み、トリノ、ミラノ、ジェノヴァ、ローマ、フィレンツェといった主要都市に、農村の人口は吸い込まれていく。トスカーナの田舎も例外ではなかった。50年代、約1万5000人だったグレーヴェ・イン・キアンティの人口は、70年代には約1万人にまで減少。失ったのは、これから町を支えていくはずの若者ばかりだった。

現在、人口は、約1万5000人にまで回復した。

劇的な過疎化に歯止めをかけたものは、いったい何だったのだろう。

その答えは、意外なものだった。

「何より大きな要因は、70年代後半からキアンティという土地の潜在力に目をつけた外からの移住者たちの流れだ。トリノやミラノといった大都市からの移住者ばかりではない。イギリス人、ドイツ人、スイス人、オーストリア人といった外国人もたくさんいた。

彼らがまず、おいしいワインとオリーブオイルの里、風光明媚な丘の土地としての価値に気づき、点在する打ち捨てられた農家や屋敷を買い始めた。この土地に投資し始めた。

あの時代、農家の若者たちは、テレビの普及によって別の生活があることを知った。女の子が、農家の息子と結婚したがらないことも社会問題になった。当時の農家は休みもなければ、トイレは外、充分な暖房もない、となれば、そう考えるだろう。そして農家の息子も、日曜は休めてヴァカンスに行ける工場や町の暮らしに憧れた。僕の2人の兄も町に出て左官屋になり、農業を継ぐことはなかった。

しかし、この地に投資した人たちは、もっと先を見ていたんだと思う。キアンティ地方は鉄道や道路といったインフラ整備の面から見た場合、お世辞にも恵まれた地ではなかった。高速道路からも逸《そ》れていた。ところが不幸中の幸いというべきか、そこに風景を整えていける資質があった。彼らはそこに気づいていた」

＊誇りを取り戻していく地元の人たち

トスカーナの田舎が変わるもう一つの起爆剤は、農における量から質への転換だったという。

「その時期、僕らは、ようやく質の高いワインと出合うことができたんだ。先駆けは、アンティノーリ侯爵家のティニャネッロだろうね。あれを皮切りにスーパー・タスカンと呼ばれる名ワインが競うようにして生まれた。外からの投資が、ワインという足元の文化に地元の目を開かせてくれた。やがて80年代、ワインの生産者たちの中から起こった大量生産を見直そうという動きが大きなうねりになっていく」

スーパー・タスカンとは、イタリアの法律で定められた地域の品種だけを使うのではなく、あえて外国種などをブレンドした新しい高級ボトルの総称だ。ティニャネッロは、アンティノーリ家が71年に発表したボトルで、湿った森のような芳醇な香りを持つ在来種サン・ジョヴェーゼに、あえてボルドー地方のカベルネ・ソーヴィニヨンをブレンドし、フレンチオークのバリック（樽）で醸成した赤である。

かつてのキアンティのワインといえば、庶民的なワインの代名詞だった。藁《わら》に包まれた丸いお腹《なか》のボトルが特徴的で、アメリカなどに大量に輸出されていた。質の向上と個性化に成功して久しいフランスワインに比べ、イタリアのワインの評価はまだまだ低かった。

そこにトスカーナワイン多様化のビッグバンが起こる。

パオロは感慨深げに言った。

「まず、大都市や外国からの投資や移住者が増え、質の高いワインやオリーブオイルが生まれる。それに刺激を受けて観光の質も上がっていく。それらがきっかけとなって何が変わったか、わかるかい？　キアンティ人は初めて、自分たちが生まれ育った地元に誇りを持てるようになったんだ」

学生の頃から見せつけられてきた郷土への誇りと愛情は、イタリア人の専売特許だと思い込んできた。だが、それも一度打ちのめされたからこそ、手に入れたものだった。

ならば、「ここには何もない」と思い込んでいる日本の田舎にもできるはずだ。トスカーナに負けない誇りと愛情を取り戻し、世界も羨《うらや》む豊かな田舎を育てていくことが。

＊郊外になり下がらないために、町を大きくしない

どうも日本人は、人口が増えることが町の幸いだと思い込んでいるふしがある。観光地が成功している指標としても、よく年間に訪れる人の総数を発表する。はたして、人口が増えることはいいことなのだろうか？

70年代から役場の職員として町の回復期を見守ってきたパオロは、90年から2004年まで町長を務めた。

まず心がけたのは、町の肥大化を防ぐことだった。

「当時、町の人口は1万3000人にまで回復していた。だが、決して3万人にはしたくなかったんだ」

その理由が穿《うが》っていた。

「フィレンツェの郊外には、成り下がりたくなかったんだよ」

東京の典型的な郊外の住人としては、訊《き》き返さずにはいられない。

その郊外とは、どんな意味なのか？

「フィレンツェほど美しくもない、ついでに立ち寄るくらいの町。いや、それならまだましだ。下手をすれば、フィレンツェのベッドタウンだ。ただ眠りに帰るだけの町、働く場もなく、人が集まる広場や市街地のような中心もない。福祉もなく、農業のようなものづくりさえ失われた町。そんな町には決してしたくなかった。そんな町では、人は年をとりにくいからね」

郊外とは、アイデンティティを失った町と同義だと言う。

東京の周りに、他県にまで際限なく増殖する住宅群が頭に浮かんだ。それこそが自分が帰属する生活圏だった。

「これまで発展といえば、とかく道路や大型店舗を増やしたり、宅地化を進めて住民を増やしたりすることばかり考えてきた。しかし、そんなことが、本当に田舎の住人たちを幸せにしただろうか。僕らは地元に誇りを持てるようになって、やっと持続可能な発展という概念に行き着くことができたんだ」

たとえば、アルノ川沿岸の平地に、住宅地や工場を建設するという計画が持ち上がるたびに、パオロたちはこれを阻止した。

「大型ホテルを誘致する代わりに、ほとんどなかった10〜15室くらいのプチホテルやアグリトゥリズモ（農家民宿）を育てることにした。ミラノやローマの郊外にあるような大型ショッピングセンターも要らない。地元の個人店を潰すからね。町の顔を作るのは、多種多様な個人店だ。今も町中にあるのは、生協と小ぶりな地元のスーパーくらいだよ。ハリウッド映画ばかり上映するシネコンも要らない。代わりに小さな名画座があればいい」

アグリトゥリズモは、60年代に北部の農家の女性が農閑期の副業として始めたのが、その起源だという。85年には、農業収入が全収入の7割以上を占めていることや、建物の修復などに厳しい条件を定めた法律も生まれた。2010年時点で、アグリトゥリズモは1万2500軒に増え、トスカーナ州やウンブリア州に特に多い。

そこで、地元のスーパーを覗いてみると、商品の6割近くがトスカーナ産だった。そして小さな名画座が一軒、何とか生き残っていた。

町が息を吹き返すのに大切なものは、法の規制より、まずは市民の意識が変わることだとパオロは力説した。

「少しずつ市民を巻き込みながら、意識を共有していくこと。別に美意識やロマンチックな意味ではなく、たとえば古い建築の隣に不粋な建築を建てることは、長い目で見た場合、経済的な利益を損なうとわかってもらうことなんだ」

＊厳しい法的規制、細部にわたる町の風景条例

民意が大切とパオロは言うものの、やはり法的規制は重要だ。トスカーナが美しいのは、景観法による規制が徹底していた地域の一つだからだと言われる。

そこで、国土の美しさを守るためのイタリアの法律をざっと見ていこう。

イタリアには、1939年のファシズム政権下、文化財保護法と自然美保護法からなる景観保護法が作られた。ところが58〜63年、〝奇跡の経済〟と呼ばれた経済復興を果たし、さらに80年代初頭にはバブルを経験、この右肩上がりの時代にイタリアの景観は壊れていく。

これに待ったをかけたのが、85年のガラッソ法だった。これは元ナポリ大学教授で、文化・環境財省の政務次官だったジュゼッペ・ガラッソが発案した、各地に横行する乱開発に歯止めをかけるための法律だった。

ガラッソ法は、環境の上で特に重要な価値を持つ地域の保護を目的としていた。具体的には、海岸線や湖岸から300m以内、河川から150m以内、アルプス山系の標高1600m以上、アペニン山系と島の標高1200m以上、国定公園・州立公園、森林、湿地、火山、考古学地区などの地域を建築禁止区域としたのだ。そして政府は、各州に、翌年末までにこれらの地区を定める「風景計画」の策定を義務づけた。

ガラッソ法が画期的だったのは、次の2つの点である。

まず、それまで文化・環境財省、つまり国が持っていた、建築禁止区域の決定権や風景計画を策定する権限を州に移したこと。もう一つは、景観と環境の保護の一体化だった。

その反応は、州によって大いに温度差があり、腰の重たい州も多々あった。しかし、この時、どこよりもさくさく仕事を進めた州の一つが、トスカーナ州やリグーリア州だった。

それまでも、世界遺産が最も多い国イタリアでは、文化財保護法の規制はとても厳しかった。古い屋敷や旧市街のアパートに暮らす人たちは、壁のしみ一つ直すのにも許可がいる、許可なしに煉瓦《れんが》一つ動かせないと、よくこぼしていた。

また、ガラッソ法以前にも、77年のプロカッシ法によって、土地所有者から建築の自由権が切り離された。つまり、〝俺さまの土地なんだから、どんなものを建てようが俺さまの勝手だ〟という私的所有権が著しく制限された。これによって、新築する場合、誰もが必ずその内容を詳細にわたって自治体に届け出なければならなくなった。そして、それが自治体の都市計画に則《のっと》ったものでなければ、建築許可は下りない。

さぞ、国民の美意識が高いであろうイタリアでさえ、そうでもしない限り、中世やルネサンスの面影を残す町や村の景観は、とても守りきれなかったのである。

ガラッソ法は、99年、文化財と環境財のテスト・ウニコと呼ばれる統一法典に吸収されるが、こうした景観をめぐる法的規制によって、州は今でも、それが環境や景観にとって破壊的な開発行為であると見なされた場合、町や村の役場などの開発・建築許可さえ無効にする権限を持ち、違反行為には刑事罰も適用される。

法的規制よりも市民の意識の共有、と豪語したパオロだが、グレーヴェ・イン・キアンティの町の景観条例は、恐ろしく長たらしい。

その内容は、家屋の外壁は淡い色彩で、その厚さは30～60㎝にすべし、外壁の塗装は石灰モルタル、セメントやプラスチックは不可。窓枠や扉は木製にすべし、フェンスは鉄棒にすべし、雨どいは銅製、プラスチックは不可。床と天井は2・2m以上とすべし、さらにパラボーラアンテナは煉瓦色にすべし、バールの日避《ひよ》け布はグリーン、あるいは茶とすべし、看板に赤色は不可、また市街地で光る看板も不可、民家や幼稚園の50m内に携帯電話基地局設置の禁止……と、詳細にわたる規制が延々と続く。

確かに市民の意識が熟していなければ、こりゃ暴動が起きるだろう。

＊暮らしの質を守る、スローシティの誕生

97年、ウンブリア州のオルヴィエート（2章参照）で開かれたスローフード協会の国際大会に参加したパオロは、興奮冷めやらぬまま帰路につく。

開会式のあいさつで、当時のオルヴィエート市長ステファノ・チミッキはこんなことを口にした。「人間サイズの、人間らしい暮らしのリズムが残る小さな町づくりを心がけよう」と。

食の均質化が、町の姿や暮らしまでも均質化していく現代において、町のアイデンティテイを守るために、スローフードの哲学を、ワインや食文化だけではなく、生活の質を守ることや町づくりにダイナミックにつなげていけないものだろうか……そう考えたパオロは、翌日、スローフード協会会長のカルロ・ペトリーニに電話をし、数週間後、さっそくチミッキを、ポジターノ（6章参照）やブラの市長とともにグレーヴェへ招いた。

2年後の99年、それは「スローシティ宣言」として結実する。ちなみにイタリア語では、スローシティを「チッタ・スロー」という。

「僕らは当初、ターゲットを人口5万人以下の小さな町にしぼった。大きな町では、持続可能な発展は難しい。良いバールは潰れ、職人は仕事を失い、個人店はフランチャイジングの大手に、名画座は巨大なシネマ・コンプレックスに変わる。こうして町は顔を失い、どこでもない場所になっていく。その点、小さな町ならまだ何とかなる」

パオロは、カフェをきゅっと飲みほし、こう言い直した。

「生きている上で必要なものは何か。仕事や家や車やテレビ、ヴァカンスを手に入れたからといって、人はそれだけでは決して生きていけない。魚にとって水が必要なように、人が生きていく上で根源的なもの、それは環境であり、人間サイズの、ほど良い大きさの町だ。そこに文化的なものが息づいていることだ。工業化された食が溢《あふ》れ、コピー文化が氾濫するグローバル社会の中で、いかにオリジナルな文化が生き残っていけるか、それが僕らの課題なんだ。

そのために必要なのは、交流の場だ。スローシティとは、決して町の構造や建築だけの問題じゃない。むしろ町を活かすために大切なのは、目に見えないものの価値だ。たとえば、人と人との交流、会話、農家の知恵、職人の技、食文化、信仰……そういった目に見えないものすべてだ。それが僕らの生活の質を変え、満ち足りた時間を保証してくれるんだ」

パオロは、なおも情熱的に語り続けた。


98年、パオロは近隣8つの自治体に声をかけ、キアンティ宣言を発表した。

キアンティ地方は、フィレンツェ市とシエナ市、過去には戦争もした仲の悪い2つの市にまたがっていた。そんな地域主義の強過ぎるイタリアの短所を克服し、まとまりのなかった小さな町をつなぎ、歴史や政治の違いを超えて肩を寄せ合う。これらの町を、商工会、保健所、ワインやオリーブの生産者組合、環境団体など、さまざまなネットワークでつなぎ、キアンティ地方全体の世界的なブランド力を上げるのが目標だった。

「グレーヴェ・イン・キアンティだけが有名になることには、あまり意味がなかった。キアンティ地方へやってくる人たちに、どの小都市をめぐっても、やっぱり美しいねえ、豊かに暮らしているね、と納得してもらわなければならない。何より住んでいる人が、そう心から感じていることが大切だ。そのためには、隣接する村や町といっしょになっていくことが絶対条件だった」

キアンティ宣言では、景観についても共通の条例を作ろうと呼びかけた。バールやホテルのサービスの向上と情報発信、地元の素材を活かした地産地消の店の推進、古い農家の修復と、アグリトゥリズモへの助成などが盛り込まれた。大戦の爆撃や過疎化で、キアンティ地方には廃墟化した農家がかなり残っていたが、トスカーナ州が修復費用の7割を助成し、景観の再生に力を注いだ。

こうして、70年代まで100人ほどしか宿泊できなかったキアンティ地方に、プチホテルや農家民宿がたくさん出現し、宿泊可能者数は100倍に増え、滞在型の旅の基盤が整う。

しかし、結論からいえば、キアンティのネットワークは、時とともにフィレンツェ市とシエナ市の差別化の力に抗《あらが》うことができなくなり、結束の強いキアンティ・クラシコの組合だけが残った。ただ、キアンティの名は、もはや安ワインの産地としてではなく、豊かで美しい田舎として世界に知られることになった。

＊交流の場が町に活気を生む

「ここは中世の頃から市場として栄えたんだ」

三角形の広場の起こりを訊ねた時に、パオロが教えてくれた。10世紀頃に遡《さかのぼ》る。

「ここは盆地でね、夏は暑く、湿気も多いからマラリアも蔓延しやすく、人は周辺の丘に暮らした。広場の個人店が並んでいるところは、もともと馬や牛やロバを繋《つな》いでおく畜舎だった。ここで市が開かれていたんだ。この町は、歴史を紐解《ひもと》いてもずっと交流の場だった。だから市場が消えかけたのなら、大型ショッピングセンターを建設して風景を壊すより、新しい市場を開いた方がずっと楽しい」

そこで応援すべきは地産地消の店であり、地元に密着したバールであり、専門性の高い店であり、職人や農家を支える市場だった。

ちょうどその日、広場では月に一度のオーガニック市場が開かれていた。夏の夜市などと同様の新しい試みだった。

露店には、チーズやパン、ワイン、オリーブオイル、トマトソース、ジャムといった加工品、それに野菜、石鹸、化粧水、オリーブ材のまな板までそろっていた。障害児のための社会的協同組合が経営する農園の野菜も並んでいた。

みな、あまり売ることに熱心ではなく、客が来る合間にコーヒーを飲んでは雑談に耽《ふけ》っていた。エスニックな衣装に長髪の多さは、まるでネオヒッピーのたまり場だった。

有機スパイスの露店は、ミラノからの移住者だった。夫は元建築家、妻は元薬剤師だった。

「病院勤めの頃、病で亡くなる人たちをたくさん見てきた。どんな化学療法をしても、やっぱり助からない人も少なくない。そうしてある時、思ったの。残りの人生は、身体《からだ》にいいものを作る仕事をしたいって」

農薬や化学肥料を使わなければ何でもよかったが、ライバルも少なく、小規模でも食べていけるハーブにした。

「現金収入はうんと減った。それに有機農業には信念も忍耐もいる。でも、私たちの暮らしそのものはずっと健康的になったわ」

有機スパイスの露店をやっていたのは、ミラノからの移住者だった

交流の範囲は、何も地元の顔馴染みに留《とど》まる必要などない。たとえば、キアンティ地方の町々は、何年も前からニューヨークの名門、ジュリアード音楽院の生徒たちを受け入れていた。ダニエル・フェッロ名誉教授が創立した財団が、20年前から毎年、この地方に声楽家の学生を40～50人、3週間ほど

送り込んでいた。将来、オペラなどを演じる学生たちが、生きたイタリア語を学ぶためだった。

地元では、学生たちのホームステイ先を探し、食事も負担して、これを支えてきた。学生たちも滞在中、町へのお礼をかねて5回のコンサートを開く。するとキアンティを訪れる観光客にも喜ばれる。

リーマン・ショックによるドル安で存続が危ぶまれた時には、チャリティー・コンサートを開いて、これを支えた。こうしてキアンティ地方に親しんだ学生たちは、いつの日か、家族を連れてきっと帰ってくるにちがいない。長い目で見ればお互いさまの関係だった。

＊1200種のキアンティを試飲できる情報発信の場

町には5軒の肉屋があるが、中でも『ファロルニ』は創業300年を誇る老舗《しにせ》だ。天井から生ハムやサラミがぶらさがった賑やかな店には、牛肉や豚肉のほかにウサギやイノシシ、幻の在来豚チンタ・セネーゼの生ハムなども並んでいた。ウィンドーには、また新しい表彰状が増えていた。この店の人気は長年、衰えることを知らない。

早朝、店の扉を開きながら、店主のステファノが言った。

「70年代から、同業者の多くが安いデンマークや東欧の豚に切り換えて、地元の農家を見捨てた時代、うちの店は幸いそれをしなかった。今も大手は単価を下げるため、原価を下げる方向に走っている。コストの面では、うちのようなちっぽけな店は大手とは競争にならない。長い目で見れば命とりだ。だったら、僕らのような家族経営の店は、質を上げるしか生き残る道はない。あの頃は肉屋の友人も、お前はアホじゃないかと馬鹿にしたが、そうしなくてよかった。ただ問題は、今も大手は単価をどんどん下げにかかる。その煽《あお》りをくらって消費者は、うちのような店にも安さを要求する。そうなれば、農家に後継者が育たない。悩ましいね」

ステファノは肩をすぼめた。それから、店の入り口に何やらべたべたと貼り始めた。

『ファロルニ』の店内

「いいか、この紙でな、今朝、店頭に並ぶ肉が、どの農場で育った豚で、親豚はどうで、いつ処理したかが、一目でわかる。今でこそ、トレーサビリティーが大切だなんて盛んに言うが、うちじゃ15年以上前から続けているよ。これを見ろ、うちの取引先には、スティングもいるんだぞ」

かのスティングがキアンティの農園主だっ

たとは知らなかった。本人は菜食主義だが、農園では野菜の堆肥のために豚も飼っており、ステファノの古くからの取引先だという。

加工も手広く手がけ、チンタ・セネーゼの自社農場も経営。これほど奮闘する肉屋も珍しい。だが、元町長のパオロがファロルニ兄弟を高く評価する理由は、長く廃墟と化していたキアンティ組合のセラーを蘇生させたことだった。

キアンティ組合は、フィレンツェの大農場主だった貴族たちの組織で、アメリカへ大量に輸出していた最盛期には、港から組合の倉庫まで鉄道が走っていた。

その後、倉庫は何度も持ち主が変わり、ファロルニ兄弟が買いとったのは99年、これを1200本もの地元ワインが揃う『カンティーナ・デル・グレーヴェ・イン・キアンティ』として再生させた。

ステファノの兄ロベルトは、開けたボトルの気が抜けず、ワインの味も変わらない機械を発明し、今や60カ国以上に販売していた。その機械のおかげで、店では、常に100本のキアンティ・ワインと20種のオリーブオイルを試飲できる。それは、楽しく学べる地域の情報ステーションだった。

昨今、ファロルニ兄弟は、小さなワイン博物館まで開設した。ここにはロベルトの収集したワイン造りの道具や豚のカードのコレクション、加えて、グレーヴェ出身の二大航海士に捧げる一角もある。

航海士の一人は、世界史にも登場するアメリゴ・ヴェスプッチ。ポルトガル王の招きで四度も新大陸を探検、アメリカという地名は、そのラテン名アメリクスに由来する。もう一人、ジョヴァンニ・ダ・ヴェラッツァーノは、フランス王の依頼で北米の大西洋岸を探検。ニューヨーク湾を発見した功績からベイストリートに記念碑も立つ。

ファロルニ兄弟のどこまでも遠く漕《こ》ぎ出していくような野望に満ちた商いの秘密は、土地柄かもしれない、と思わせる展示だった。

＊たった一軒の店が故郷のためにできること

グレーヴェから車で15分、パンツァーノ・イン・キアンティにも忘れてはならない肉屋がある。グレーヴェの町に属する人口９８０人ほどの集落パンツァーノを世界的に有名にしたのは、一軒の名物肉屋『チェッキーニ』だった。

もうどのくらい前からか。毎日曜日の朝、この店には自家製のサラミや総菜、ワインが試食台に並び、それを楽しみに観光客までがわんさか押し寄せる。

ダリオは、若い頃から詩を愛する詩人として知られている。

店の隅には、詩聖ダンテの彫像ばかりでなく、巨大なミノタウロス像が、〝美食の迷宮の謎へようこそ〟とばかりに待ちかまえている。肉屋という名の演劇空間に溢れ返る観客たちは、大きな肉切り包丁を手にした主役、ダリオの一人芝居に興じる。ここでは、それが安心できる肉を買うということと同義だった。

そんな異国の光景は、なぜか、幼い頃に佐世保や小倉で母に手をひかれて足を運んだ裸電球が並ぶ市場を彷彿《ほうふつ》とさせた。昭和の市場では、彼のように異彩を放つ威勢のいい八百屋さんや魚屋さんが人気者だった。子供を見れば30円のつり銭を必ず30万円と言い、疲れた主婦には美人におまけと言い添える。その独特な所作とリズミカルな会話は、やっぱりどこか、子供心にも芝居がかっていた。

ところで、このダリオが、世界に名を馳せたきっかけは、90年代、ヨーロッパを震撼させた狂牛病騒動である。

当時のEU諸国では、骨付き肉の販売が厳しく規制された。そのとばっちりを受けて、トスカーナが誇る郷土料理、Tボーンステーキ、ビステッカ・フィオレンティーナが、当分、食べられなくなる非常事態が生じた。

この時、ダリオは思い切ったパフォーマンスに出た。

行き過ぎた衛生法による世界的な規制は、地域ごとの味わいをなぎ倒す悪法であり、「この悪法は、ビステッカ・フィオレンティーナという伝統文化に死をもたらす」と主張し、店頭に墓碑をしつらえた。イタリアの墓所で目にする故人の陶板写真ならぬ、麗しのビステッカの写真を掲げ、毎朝、一輪のばらの花を添えた。

最後の骨付き肉を売る日も記念競売会を催した。ここには歌手のエルトン・ジョン、ロシアの富豪、たまたま滞在中だった日本人シェフなど酔狂な客たちが集まり、その売上金は、すべて小児病院に寄付された。

そんな前衛的なパフォーマンスを通じて、ダリオは、自分は肉屋として客に一口たりとも健康に害のある肉など売らないと、宣言したのだ。

これが、予想を上回る劇的な効果をあげた。

数カ月後、ダリオ・チェッキーニの名を冠した肉は、すでに

いつも混んでいる『チェッキーニ』。右がダリオ

毎日曜日、店内では試食ができ、キアンティワインが振る舞われる

安心マークとしてブランド化を遂げ、パンツァーノ村の日曜も賑わいを増した。村には2軒のレストランも開業した。2軒目の店は、予約制で肉づくしのフルコースが売り。パンも野菜も地元産で、新鮮な肉たっぷりの特製バーガーは、地元で秘《ひそ》かに〝マック・ダリオ〟と呼ばれていた。

だが、そんなダリオも、若い頃は父親の肉屋を継ぐ気などさらさらなかった。子供の頃から動物の世話が好きで、将来は獣医を目指していた。ところが、ピサ大学で獣医学を学んでいた頃、父親が急死し、数年後には母親も失った。

若くして妹と祖母を養わなければならなくなったダリオは、学業を断念し、家業を継いだ。それから37年、今ではこの仕事を誰よりも愛している。

現在は、3人目の妻と暮らしている。近頃は、世界各地に呼ばれて豚の捌《さば》き方や肉料理を指南することも増えた。今後は時間が許す限り、肉に精通し、肉屋という仕事に誇りを持ってくれる同業者を養成するための〝肉屋の学校〟を世界に広めたいという。

そんなダリオの座右の銘は、「人は与えた分だけ、与えられる」。

たった一軒の個人店が、この小さな集落に、世界の人が集う傑作な交流の場を創り上げた。それにしてもたった一軒の店が、愛する故郷のためにできることは実に少なくなかった。

＊失ったもの、そして新しく生まれたもの

「豊かな農村風景なんていうけれど、キアンティのどこにキアーナ牛がいるんだ、と嫌味を言う人がいる。残念ながらその指摘通り、牛を飼い、豚を育て、小麦や野菜など食べるものは何でも自分たちの手で育てる自給自足の文化は、60年代を境にこの土地から永遠に失われた。しかし、失ったものをいつまでもくよくよしても始まらない」

そこでパオロは、この土地に新しく生まれたものを見せたいという。

それは、パンツァーノ村をオーガニックの里にしようという動きだった。

「数年後には、パンツァーノはオーガニックの里として手を挙げるつもりです。私がここで農場を始めた20年前には、オーガニックのワインといえば、身体にはいいだろうが、味がちょっとね、という世界でした。ところが今では、おかげさまで最高においしいワインに仕上げることができました。

パンツァーノ全体で約３００ヘクタールの葡萄《ぶどう》畑がありますが、現時点で、その80％の農園がオーガニックです。10軒の葡萄農園が有機認証を取得、残り3軒も数年後には取得できるところにまで来ています」

パオロ夫婦に案内された『カザロステ』農場の、ジョヴァンニ・ドルシ有機生産組合会長はこう言う。

オーガニックの里を目指すジョヴァンニ・ドルシ夫妻

彼はナポリ出身のIターン組。ナポリ大農学部を卒業した後、有機農業を始めたいと、93年に憧れの地トスカーナの土地を買った。キアンティ・クラシコは、ブレンドのうち80%以上を在来種サン・ジョヴェーゼを使うのが条件だ。農場の20ヘクタールのうち、半分が葡萄畑で、そのうち85%はサン・ジョヴェーゼ種、10%はメルロー、5%は在来種のコロリーノだった。

「残り半分は主に森、それとわずかなオリーブ畑です。オーガニック農法には、この森の存在が重要なのです。これが畑の生物多様性を守り、害虫の大量発生などの被害が広がらないように抑えてくれる。トスカーナ州では現在、残る森を伐採することは厳しく禁じられているんです」

畑の一角には太陽光パネルが並び、農場の電力はすべて再生エネルギーで賄われていた。煉瓦造りのセラーの二階で試飲すると、サン・ジョヴェーゼ100%の「ドン・ヴィンチエンツォ」は、うっとりするようなおいしさだった。

同じナポリ出身の奥さんは、働いて家計を支えてきたが、今は農家民宿を手伝っている。

ジョヴァンニの組合では、新しく有機農業を始めたい農家のために1ヘクタールの実験農場の制度を考案した。

「不安なら、まず1ヘクタールの畑で挑戦してもらう。そこで経験者たちからいろいろ教わりながら1年やって、できたワインを味わい、納得してから自分の畑で始める。そうすれば、私たちがさんざんやってきた失敗も経済的リスクも負わずに済むからです」

ダリオが有名にしたパンツァーノのイメージに、今度はジョヴァンニたちが有機ワインの里として、磨きをかけてくれることだろう。

しかし、その帰り、暮らしの質と町のアンデンティティを守ろうという動きには、追い風ばかりではないことをパオロが教えてくれた。彼の憂鬱の原因は、この数年、イタリア各地に増えたアウトレット・モールだった。

「僕は、あの舞台のかきわりのような空間がもう苦手なんだ……。私の父は、教養のある人ではなかったが、知恵があった。人生の師だった。僕は田舎の農家に生まれてよかったと思っている。時代遅れで、休みもなければ、決して楽な暮らしでもなかったけれど、そこには季節の移ろいがあった。太陽や月や川や山と深く結びついた暮らしのリズムがあった。

その一方で、学生の頃から主に政治活動を通じて、各地の面白い人たちと知り合うことができた。丘に囲まれた盆地にいると、外の世界は見えないが、僕はここに居ながらにして、首を伸ばして、丘の向こうを覗くことができた。

いわば過去からの視点と、未来からの視点、２つの視点を同時に持てたことは、幸いだった。おそらく今のような時代には、そうした見通しの良さが必要なんだ。深く大地に根を張りながら、一方で、遠くから自分の地元の全体図を眺めわたすような鳥瞰図《ちょうかんず》的な視点が。そうすれば、一見、目新しいプロジェクトが、いかに平凡で、持続不可能かがわかる。世界中どこにでもあるアウトレット・モールなんて建てようとは思わないはずだ。せっかく、小さな町ががんばっているのに、残念ながらスローシティの哲学は、イタリアの中央政府の長《おさ》たちには、まだまだ響いていないってことだね」

2章

スピード社会の象徴、車対策からスローダウンした断崖の町

ウンブリア州

オルヴィエート

＊先住民エトルスクの最大の聖地だった？

断崖に聳える幻想的な町オルヴィエートは、よくエトルスクのヴァチカン市国のような場所だったと言われる。

エトルスクとは、古代ローマ以前に半島で栄えた民族、エトルリア人を指すイタリア語だ。その出自については論争が続いているが、昨今は先住民説が有力になりつつある。

一つの根拠としては、イタリア語には、地名などにエトルリア語起源の言葉がたくさん残っている。たとえば、中央イタリアのトスカーナはエトルリア語で〝エトルスクの地〟、ティレニア海は、〝エトルスクの海〟を意味する。

学生の頃、トスカーナの農家にお世話になると、「このあたりの畑を掘り返すと、ごろごろ出てくるの」と、エトルスクの壺を無造作に傘立てにしている家があった。トスカーナ人には、「僕らの祖先は、ローマ人ではなく、エトルスクなんだ」と主張する人がいる。何だか、縄文系・弥生系論争のようで面白い。

実際には、エトルスクの遺跡は、タルクイニア、チェルベテリ、ムルロ、ボルセーナ、ペルージアなど、中央イタリアのもっと広い範囲から発掘されている。

古代ローマの記述にも、エトルスクは、その最盛期である紀元前6～紀元4世紀にかけて、この地域に12の都市同盟を持っていたとある。古代ローマの王政時代の7人の統治者のうち、最後の3人はエトルスクだったという。エトルスクは3世紀を境に滅びていくが、その後もローマ帝国では、儀礼に通じた民族として細々と生き延びたようだ。410年、西ゴート族がローマに侵略した時には、教皇イノケンティウスが、エトルスクの神官たちに祈祷《きとう》を頼んだという記録も残っている。

断崖に聳えるオルヴィエートの町

ともあれ、エトルスクの装飾品や壁画は、見ていて飽きない。

まるで涅槃像《ねはんぞう》のような、にっこりほほえむ石棺彫刻、彫刻家ジャコメッティに受け継がれた、夕刻の長い影のようなブロンズ像、有翼の神々、神々に捧げる踊りを舞う人、ワインを酌み交わす人、豹や猫、小鳥やイルカなど、のびのびとした動物モチーフ……また、現代では再現することができないといわれる金の装飾品は、鳥肌が立つほどの細密さである。

そんな中、20年以上発掘を続けてきた遺跡の一つが、オルヴィエートの西南に見える丘だ。そこから神殿群の一部が出土したことから、おそらく、この丘こそが、ローマ帝国の記述に「ファヌム・ヴォルトゥムナエ（Fanum Voltumnae）」とある、エトルスクのヴァチカンのような聖地ではないかといわれている。

エトルスクの12の都市同盟の神官たちが、半年に一度ここに集い、大きな祭儀を行ったとされる。その神殿群からは、幅7mの大通りが、オルヴィエートへも、ボルセーナ湖へも延びていた。そして、巡礼街道の両脇には神像が立ち並んでいたという。また、ギリシャのアンフォラ（ワインやオリーブオイルの運搬に広く用いられた陶器）や金貨もたくさん発掘され、エトルスクの広い交易をしのばせる。

前述のように、3世紀末にはローマ軍に押され、滅びていくエトルスク勢力だが、その最後の都と呼ばれる12の都市同盟の一つ、ヴォルシーニは、現在のオルヴィエートではないかと言われている。

ローマ人側の記述によれば、264年、ヴォルシーニで内乱が起きたことで、エトルスクの貴族たちがローマ軍の軍事介入を要請、しかしローマ軍は、これを機に町を徹底的に破壊し、2000もの彫像をローマに持ち帰り、ボルセーナ湖に逃げ延びようとした市民たちを虐殺したという。こうして、ヴォルシーニは280年に陥落した。

そんなことから、オルヴィエートにはエトルスク博物館が2つもあるが、残念ながら壊滅された町の所蔵品は、タルクイニアやローマのヴィッラ・ジュリア博物館ほど豊富ではない。

古代の謎をめぐる論争は今も続いているが、もし、オルヴィエートがエトルスク最大の聖地を抱えた最後の都だったとすれば、その理由は間違いなく、この特異な地形にある。太古の火山活動による大爆発によって生まれたのが、この奇景とも呼ぶべき円錐形の断崖の上に立つ町だった。ちなみにボルセーナ湖も、その時に生まれた火山湖である。

ケーブルカーなどない昔、切り立った岩肌をよじ登るのは難しく、断崖からは、敵が近づくのも容易に監視できた。風通しもよいからマラリアなどが蔓延する心配もない。

それは理想的な天然の要塞だった。

*オルヴィエートの下は空っぽ

70年代、大聖堂から数百メートルの断崖の一角に亀裂が生じた。そこで、何か起こってからでは遅いと、本格的な地下の調査が始まった。

そこから、この断崖の町は、古都ローマやナポリのように、地下にもう一つの世界を封じ込めていたことが発覚した。今でこそ、どんなガイドブックにも紹介されているが、この町では、昔から住民たちの間で〝オルヴィエートの下は空《から》っぽだ〟という言い伝えが囁《ささや》かれてきた。それが、証明された。

地下からは、エトルスク時代の貯水槽跡、その水を運ぶための地下道、うんと時代が下るオリーブの搾油所、粉挽《ひ》き場、鳩舎《きゅうしゃ》の跡などが、次々と発見された。

岩盤は、堅牢だが加工がしやすい火山性の凝灰岩や火山灰で、水はけもよく、雨水は自然と粘土層まで浸透してたまる。こうした雨水利用の跡や井戸もたくさん見つかった。

天然の要塞がいくら安全だからといって、人が生きていく上で水の安定供給は、必要不可欠である。そこでエトルスクは、地下をせっせと掘って井戸を作り、雨水を溜める貯水槽を造った。崖を下って危険に身を晒《さら》すことなく、水を確保していたのである。ライフラインを確保しようという涙ぐましい努力の跡が生み出した、信じがたい地下世界だった。

古代ローマ帝国時代、遠くから水を引いた水道跡も見つかった。

この時発見された洞窟は、英語とイタリア語のガイドの解説つきで見学できるし、中世地区には、80年代にある食堂の地下から見つかった洞窟もある。

ルネサンス期になると、天然の要塞はローマ教皇の避難所としても大事にされ、人口3万人の賑やかな都として栄える。16世紀にローマを逃げ延びた教皇が、水の供給をさらに安定させようとして深さ62mの井戸を掘らせた。2つのらせん階段が、DNAの二重らせん状に地下の暗がりへと延びた、このサン・パトリツィオの井戸は、まるでエッシャーの世界に迷い込んだかのような精巧な建築だ。しかも下りと上りの階段は交差せず、ロバなどの家畜を使ってスムーズに水を汲《く》み出せたという。

その後、オルヴィエートの地下からは、民家のワインセラーと化している小さなものも加えれば、約1200もの洞窟が発見されている。穴あきチーズさながらの絶壁の町なのだった。

＊古いものと新しいもの、伝統と最新技術、その調和が肝心

この町は、スローシティの発足時に重要な役割を演じた。

前述のように、1997年、ここで開かれたスローフード協会の国際大会に参加したパオロ・サトゥルニーニが、スローな町の連合を創れないだろうかと閃いたのである。

当時のオルヴィエート市長ステファノ・チミッキは、のんびりした町だが、大都市には望めない「人間サイズの、人間らしい暮らしのリズムが残る小さな町」だと形容した。

そんな縁から、99年に連合が生まれた時、初代の会長はチミッキが引き受け、今もスローシティの事務局は、この町にある。プロモーションに長《た》けたトスカーナ州が遠慮し、丘陵地帯が7割で残りは山地であるウンブリア州を売り出そうという意図もあっただろう。

事務局のあるパラッツォ・デル・グスト（味覚の館）は、もともとフランチェスコ修道院だった重厚な建物で、イベントや会議だけでなく、郷土料理や加工品のテイスティングなども頻繁に行っている。

スローシティ事務局長ピエルジョルジョ・オリヴェーティとオルヴィエートの旧市街。中央奥の立派な建物が、事務局のある味覚の館

発足以来、事務局長をしているピエルジョルジョ・オリヴェーティは、生粋のオルヴィエート人で、この町を知るには欠かせないという、地下に造られたウンブリア州のワインセラーを案内してくれた。オルヴィエートといえば、白ワインの名産地というくらいの認識しかなかったが、彼は、ここが無類のワイン好きの都であることを教えてくれた。

「オルヴィエートの名の語源は、ギリシャ語のORVIUSUSではないかと言われていて、それは〝ワインの流れるところ〟という意味なんだ。アリストテレスも書いているが、このあたり一帯は、エトルスクの頃から豊かな葡萄の産地だった。考古学博物館にエトルスクのワイン造りの壁画が残っているけれど、彼らは、こうした地下空間を使ってワインを醸造していたんだ」

その絵によれば、完熟葡萄を男たちが足で踏み、地下に樽を運んで5〜9日ほど発酵させ、そのまま地下のひんやりした場所でワインを寝かせたそうだ。

中世からルネサンスにかけて、教皇庁の領土として栄えたオルヴィエートの経済を支えたのもワインだった。

たとえば、オルヴィエートには、ロマネスク・ゴシックの宝石と呼ばれる大聖堂がある。夕日にきらめくモザイクのファサードは、何度ながめてもため息が出る。だが、この大聖堂の祭壇画の中でも目を奪われるのは、ルカ・シニョレッリが教皇庁の依頼によって描いた「最後の審判」である。墓場からは死者たちが次々と蘇り、天からは、メタリックな鋭い翼の武装天使たちが地上に火の雨を降らし、海水は血に変わる。まるでミサイル投下の音が聞こえてくるような、SF映画さながらの迫力である。反対側では、サヴォナローラ（ルカ・シニョレッリのパトロンでもあるメディチ家や教皇国を激しく批判、教皇の意による裁判で火刑になった修道士）に擬《なぞら》えられたアンチ・クリストが、キリストの耳元で囁く

ファサードが美しい大聖堂

……。そのルカ・シニョレッリと教皇庁の間で1500年に交わされた契約書には、壁画制作の代金として、〝毎年12ソーマのワイン〟とある。現代の量にして、何と約1000リットル！　ゴージャスな物納だった。

洞窟で寝かせた独特の風味を持つ白ワインは、町の経済そのものだった。

ただし、当時の白ワインの味は、今とはかなり違ったようだ。

ピエルジョルジョが地下の展示を解説する。

「これは1897年、イタリアを旅行したフロイトが、妻に送ったハガキだ。ここには、〝オルヴィエートのワインは有名で、ポートワインに似ている〟なんて書いているけど、その頃までは、かなり甘かったようだね。19世紀半ばに辛口が生まれ、最近は白だけでなく、おいしい赤も続々生まれているんだよ」

町の歴史をひとしきり紐解いた後で、ピエルジョルジョがこちらに向き直って、たしなめるように言い添えた。

「いいかい、イタリア人が、古い建築物や伝統食にこだわるからといって、スローシティの運動を、ただの懐古趣味や保守的な伝統主義と混同しないで欲しい」

セラーの奥は、ワインの試飲会をするための空間になっていた。

「ここには、僕が、地元の職人たちに注文した葡萄模様の鉄柵や、木工彫刻が置かれている

大聖堂の足元にある素朴な広場

だろう。この場所も、もともとは14世紀の修道院跡だ。けれども、その同じ空間にウンブリア州のワイン情報が一瞬にして検索できるコンピュータや、数十種類のワインがグラスで試飲できる最新のマシーンが備わっている。

つまり、古いものと新しいもの、ローテクとハイテク、伝統の保存と最新の技術、それらが、うまく調和することが大切なんだ。そこから何か面白いものが生まれる。

スローといえば、とかく後ろ向きな運動で、昔に戻って不便を受け入れるのかと皮肉る人がいるけれど、それは僕に言わせれば、大きな間違いだよ」

午後の会合の準備に追われるピエルジョルジョと別れた後で、大聖堂のある広場まで散歩した。すると、かつての教皇庁の権力を映す、見上げるような大聖堂の足元に、不釣り合いなほど素朴な広場があって、石造りの小さなアパートが肩を並べていた。

ほっとさせられる風情だった。だが、その素朴な町並みにも、気のきいたワインバーやおいしいジェラート屋、町一番とも囁かれるレストランが潜んでいて、ついつい引き寄せられるのだった。

これもまた、ピエルジョルジョのいう妙なる調和というものだろうか。

＊車社会との折り合いをどうつけるのか

断崖の上に立つ古都は、現代の車社会と折り合いをつけ兼ねていた。

町の住人やホテルの客を運ぶタクシーが、一車線の細い道を、ごろごろとけたたましい轟《ごう》音《おん》を立てながら走ってくると、通行人は、その度に慌てて壁に身を押しつけるようにして、これを避けなければならない。町を貫く二車線のメインストリート以外は、ほとんどが、車が一台通るのがやっとの狭い道ばかりだった。

だが、歩く側にとって幸いなのは、車のまったく入れない路地もかなり多いことだ。歩き続けたとしても、端から端までせいぜい30分もあれば充分という大きさだ。本来ならば、ゆっくり歩いてこそ、楽しめる町だった。

そんな町に車がこのまま増え続ければ、観光地としては致命的である。子供が育つ環境としても理想的とは言えない。排ガスが充満する狭い道路での一番の被害者は、ベビーカーに乗った幼い子供たちだ。フィレンツェ、サン・ジミニアーノ、シエナ――中世の町は、みな同じ悩みを抱えていた。

大都市では、環状線や城壁の外に駐車場を増設し、町中には迷路のような一方通行を増やし、広場や旧市街への車両の乗り入れを全面禁止にするなどの交通規制に乗り出した。

そんな中、オルヴィエートは、かなり思い切った政策を実施した。

そもそもこの町は、電車の便がいい。駅前から断崖の上まで、ケーブルカーやシャトルバスもある。スローシティになってからは、このシャトルバスも、少しずつメタンガスや電気の動力のものに切り換えてきた。また、町の電気救急車は、ドイツのオーガニック化粧品メーカー、ヴェレダ社の寄贈だ。財政難の自治体は助かるし、企業側にとっては、世界的な観光地でセンスのよい広告が打てるというメリットがある。

だが、オルヴィエートが住民の暮らしと観光の質を守るために試みたのは、巨大な地下駐車場の建設だった。穴だらけの地下を活用して、約600台の車を収容できる駐車場を設けたのだ。岩盤を強化しながらの工事は、10年越し。これを決定した当時の市長が、ステファノ・チミッキだった。

〝そんな土建屋さんを大喜びさせるような巨大なプロジェクトのどこが、スローなのだ〞とつっこみを入れたくなる人もいるだろう。私も最初はそう思った。今も市民の中には批判的な意見があり、「このメガ・パーキングはオルヴィエートの歴史的価値を半減させた」「最大でも300台くらいの駐車場で充分だった」と主張する人もいる。

正直なところ、規模については、この300台という意見に賛成だ。だが、地下駐車場の

地下駐車場へとつながる洞窟。前を歩くのはピエルジョルジョ

建設自体については、何年も前に現場で役場の人から話を聞いて、かなり納得がいった。

思うに、この地下駐車場には、２つの大きな効果があった。

一つは、これができたことで、観光客のマイカーやツアー会社の大型バスは、町中に侵入することができなくなった。大荷物の旅行者がホテルまでタクシーで乗りつけるのは大目に見ているが、車を駐車場に止めて、町中を歩いて楽しむ人が増えた。そのことで、かなりの騒音と排ガス汚染、道の混雑を抑えることができたし、町に点在する個人店も潤った。

駐車場の入り口は３つあり、治安のために早朝に開いて深夜には閉まる。

その一つのエレベーターを下ってみた。すると暑い夏にもかかわらず、ひんやりする洞窟に出た。その遺跡のような洞窟の中に、近代的なエスカレーターが隠されていた。これもまた、過去と現在、伝統と最新技術の調和のわかりやすい例だった。

その緩やかなエスカレーターを下っていくと、ツルハシの跡のようなものが残る洞窟に出る。これは、古代ローマの水道跡をそのまま利用した部分だという。つまり、駐車場へと続く洞窟の一部は、地下にもともとあった水を運ぶ地下道や、大戦中の避難所の壁を強化して、再利用したものだった。

ただ、耐久性の問題もあるのだろうが、わくわくしながら着いた地下のパーキングが、何の変哲もないコンクリートの四角い空間だったのは、少し残念だった。また、町の城壁から身を乗り出して下を覗くと、地上部分の駐車場のアスファルトが丸見えだったのにもがっかりした。

長い年月をかけて修復された城壁沿いの遊歩道と、そこからの眺め

ところが、長い年月をかけて少しずつ整えられた城壁沿いの遊歩道に案内された時、地下駐車場建設のもう一つの意味がわかった。

案内してくれた役場の人が、ある地点にさしかかると自慢げに腕を拡げた。

「どうです、この風景！」

それは、イタリア人の郷土自慢にはむしろありふれた科白《せりふ》だった。だが、言われた通り、城壁から身を乗り出すことなく、散歩者の目線のままで彼の指した方向に目をやってはっとした。そこには、煉瓦の城壁と美しいコントラストをなす、緑豊かな丘の景色が広がっていた。

メガ・パーキングは、その本体を地下にすっぽり隠すことで、住民や観光客を排ガスと騒音から守ることができた。それに加えて、風景を守る効果があったのだ。

古い修道院はホテルに変わり、新しい住宅地も前より広がったとはいえ、ちょうど駅と反対側の辺りから眺める景色は、私が学生の頃、四半世紀前に訪れた時と、ほとんど変わっていなかった。

シエナ市庁舎に残るシモーネ・マルティーニの壁画の背景を思い出した。貴族の館《やかた》や修道院が点在し、オリーブ畑や葡萄畑と農家のあるなだらかな丘の風景を、500年前にもそこにあった風景を、オルヴィエートはまだ失ってはいなかった。

オルヴィエートは新幹線の通る経路ではないが、ローマとフィレンツェをつなぐ鉄道のほぼ中間地点にある。これほどアクセスしやすい場所にありながら、四半世紀もの間、町を囲む景色がさほど変わっていないのは、考えてみれば大したものである。

＊町中にベンチを増やそう大作戦！

オルヴィエートには、観光客が決まって写真を撮りたくなる愛らしい路地がある。

ミケランジェリ通りと呼ばれるその路地には、同名の木工作家の工房がある。

２００年も続いた伝統的な家具職人の店を、70年代に猫やフクロウなど動物モチーフの家具やベッド、置きものや人形を創る工房に変えたのが、グアルヴェリオ・ミケランジェリだった。今では、各地から集まってきた若い職人たちを抱えるこの工房には、世界中にファンがいる。そして、町をゆっくり散歩すると、この地元の工房が、この町の観光にいかに貢献しているかがよくわかる。

オルヴィエートのベンチ作戦。製作は地元の同じ工房。下がホルシュタインのベンチ

観光客のお目当ては、その路地に並んでいる大きな木馬のベンチ、ホルシュタインのベンチ、樹木と鳥のベンチである。大通りのジェラート屋の前のベンチも、本屋のベンチも、同じ工房の手になる。町の各所に置かれた色鮮やかな木製のベンチが、ともすれば硬く冷たい石造りの町に、やわらかな印象を与えている。

スローシティの条項の中で、個人的にもっとも気に入っているのは、この町中にベンチを増やそう大作戦である。観光客がやってくる旧市街だけではなく、地元の人だけが暮らす新市街にも充分にベンチがあるか、というのが、スローな町の大切な条件なのだ。そのココロは、本当に誰もが住みやすい町なのか、お年寄りも、身体が不自由な人も、お腹の大きな女性も住みやすいのか、ということである。

もっとも、ベンチが暮らしやすさの指針になるのは、比較的雨の少ない地中海性気候のイタリアらしい発想かもしれない。湿度の高いモンスーン気候の日本では、雨ざらしのベンチは、木製ならすぐに腐ってボロボロになるし、鉄製でも錆《さ》びて変色する。雨よけをするか、特殊な塗装が必要になるが、ともあれ、ちょっと腰かけて一服する場があることは、住民への思いやりであり、政治のあり様の表れでもある。第一、ふらりと訪れた者にも悪くない眺めである。

今の日本では、まだまだ車中心主義の構造が目につく。都心に限らず、田舎町でも、大きな高速道路の下を黙々と歩き続けても、ただの一カ所も腰をかける場がないことはよくある。

郊外の住宅地では、離れた大型スーパーまで、ベビーカーを押すお母さんやカートを押すおばあさんが、車の排ガスを浴びながら黙々と歩く姿をよく見かける。炎天下のアスファルトの照り返しを受けながら、日陰もなければ、ベンチもないバス停で、老人たちが待たされている。

日本でも、宮城県の古い温泉場、鳴子では、間伐材を使ったシンプルなベンチを、温泉街に少しずつ増やして、夕涼みを楽しめる町にしようという試みがある。せめて屋根のあるアーケード街くらい、ベンチが増えないものだろうか。

道路を建設することを考えれば、わずかな費用で何かができるはずだ。

ベンチはまた、ゆっくりと地元を眺め直す機会を作ってくれる。

もう何年も前、熊本県水俣市の静かな山里を訪れた時、隣にいたイタリア人が呟《つぶや》いた。

「日本には、ゆっくり風景を眺めまわしたいような場所にも、腰を落ち着ける場所がちっともないなあ。案外と都会の人だけじゃなくて、こんなきれいな農村に暮らしている人も、ばたばたと暮らしに追われて、自分たちが住んでいる地元がきれいだ、とじっくり眺めるようなことをしてないんじゃないか」

なかなか鋭い指摘だと思う。そんなわけで近頃は、田舎に暮らしている人が、よく「何もないところですが……」と口にするのは、日本古来の謙遜の念ばかりではなく、ひょっとすると本当にそう思い込んでいるのかもしれないと疑っている。

よく、西洋の猿真似ばかりしてきたから、日本はこんな町ばかりになったんだと言う人がいるが、とかくせっかちな人が多い日本で、〃町は、ゆっくり座って眺めてなんぼである〃というイタリアのベンチ哲学は、拝聴に値すると思う。

実は、そのベンチ哲学を、最初に見せつけられたのは、リグーリア州の沿岸部の小さな町レーヴァントである。これもスローシティの一つだ。

レーヴァントのベンチ作戦。海水浴客で賑わう砂浜が目に入らないようになっている

リグーリア州の沿岸部は、チンクエテッレと呼ばれる風光明媚な5つの町と、これを結ぶ入り組んだ海岸の遊歩道が有名である。今では、世界遺産に指定されている。

レーヴァントは、残念ながら、そこには属しておらず、そのちょっとフランス寄りにある。周囲に小さな集落が点在する、緑の山に囲まれた人口5500人ほどの海岸の町だ。海水浴場として、またミラノやジェノヴァの富豪の別荘地としても古くから人気があり、フィアットグループの会長の別荘もある。

そんなわけで、夏になれば海水浴客が押し寄せることもあって、町にはバールや食堂も多く、アラブ起源のフォカッチャ専門店などもある。

しかし、何といっても圧倒されたのは、その夥《おびただ》しい数のベンチだった。

砂浜から少し高いところにプロムナードが造られていた。この道を歩いている限り、砂浜でごろごろと寝そべり、甲羅干ししている海水浴客たちの姿は目に入らない。光る海と水平線だけを楽しめる高さの散歩道。海水浴客で賑わう光景を、あまり美しくないものと捉《とら》えているところがユニークだが、その発想は、少しオルヴィエートの地下駐車場に似ている。

さて、このプロムナードには、これでもか

猫もベンチで一休み

とばかりにベンチが並んでいた。そして、どのベンチにも、電線にとまるスズメのように恋人たちが肩を並べ、海を眺めていた。何とも幸せそうな夏の午後の景色だった。

近頃は、イタリア各地の湖畔や海岸線で、このベンチ大作戦がさかんに展開されているようだ。そしてこの数年、オルヴィエートでもまた、明らかにベンチが増殖した。

肉屋やバールの前にも新たな作品が登場していた。そしてバールのベンチでは、昼寝する猫に1人分を占領され、常連のおじいさんたち3人組が、少し窮屈そうに腰かけて、おしゃべりをしていた。夕方、ひょいっと路地を覗くと、ホルシュタインのベンチで、豊満なお婆さんが杖《つえ》を休め、通りかかった女の子と話をしていた。見ているこちらまでほのぼのした。

毎日、腰かける愛着のあるベンチは、小さな交流の場でもあった。

*食だけでなく、衣も住も、子供の遊びにも五感の喜びを取り戻そう

２００8年6月27日、オルヴィエートで、「第1回　国際スローシティ大会」が開かれた。会場になったポポロ宮は、ロマネスク・ゴシック様式のみごとな建築で、入り口には、スローシティのシンボル、町を背負ったかたつむりの旗が風にはためいていた。わかりやすいが、母体となったスローフード運動のトレードマークであるかたつむりが町を背負った姿は、これといった工夫の感じられないものではあった。

前述のように、グレーヴェ・イン・キアンティの町長だったパオロ・サトゥルニーニの提案で、衣食住にスローな哲学を貫く、住みやすい小さな町のネットワーク、スローシティ連合が生まれたのは99年のことだ。

08年の時点でスローシティには、イタリア国内で57、世界で１０４の町が加盟していた。世界をめぐって、この国際ネットワークを広げてきたのは、二代目会長のロベルト・アンジェルッチや事務局長のピエルジョルジョだった。その成果というべきか、大会にはノルウェー、スイス、イギリス、スペイン、ポルトガル、オーストラリア、クロアチア、それに韓国からもはるばる代表たちが集まっていた。

この大会で、世界とつながっていく次の会長が決まった。エミリア地方のカステルノーヴォ・ネ・モンティ（5章参照）の町長ジャンルーカ・マルコーニは、長身で若々しく、北方

系の風貌のなかなかの美丈夫だ。

さて、スローシティ運動から見れば、20周年を終え、世界に約8万人の会員を抱えるスローフード協会は、その母体とも言える存在だ。スローフード協会は、この小さな町の連合に何を期待するのだろう。

スローフード協会が運営するポレンツォの食科学大学で教鞭をとるジャコモ・モヨーリが、こんなことを言った。

「70年代に比べ、イタリア家庭の食費の割合は、35%から14%にまで減少している。相変わらず、生産者は苦しい状態に追いやられている。その一方で、狂牛病、食品アレルギー、遺伝子組み換え食品問題など、食品をめぐるいろいろな不安から、消費者は質が良く、おいしいものを求める。しかも高くないものという無理な相談までしてくる。生産者のためには適正な価格を守ることが何よりだが、解決策はある。

それは、できるだけ地元の食材を食べるということだ。食材を選ぶ範囲が狭ければ狭いほどいい。一般家庭だけでなく、個人店、学校や病院、企業も巻き込んで、町ぐるみで生産者との距離を縮める。そして、それは小さな町ほど容易なんだ」

日本もイタリアも、農家世帯の占める割合は3〜4%と低い。その多くが、安値競争で充分な収入を得られない苦境に追いやられている。その生産者を守るためにも、地産地消の推進にスローシティが一役買ってくれるだろうというのだ。確かに、スローシティの条件の中には、地元の郷土料理や在来種、伝統の加工食品などを守ることが組み込まれている。

しかし、私が何より小さな町の住民を羨ましく思うのは、平日でも終電の時間など気にせずに、親しい友人たちを招いてゆっくりと食事を囲むゆとりがあることだ。

大会には、スローフード協会の国際本部があるピエモンテ州ブラから、副会長シルヴィオ・バルベーラも駆けつけた。

「我々は、これをきっかけに新しい進化のモデルを作っていかなければなりません……生物多様性と持続性とを備えた新しい進化への社会モデルです。これまで、加速と無限の進化という社会モデルが、どれほど美しい町々を破壊してきたことでしょう。そうしてでき上がった町は、残念ながら、グローバル社会では何ら評価されることのない町です。今、必要なのは、国際的なネットワークの中で、私たちの町の個性を打ち出し、よりいっそう差別化していくことです」

シルヴィオはなおも、効率を極めた遺伝子組み換え作物が飢餓を救うと唱えながら、世界中で農家を苦境に追いやっている現状、大量流通と加速する食品製造のあり方が、偽りの食を増大させている現状、そして石油の高騰が世界の穀物事情に大混乱をもたらしている現状について熱く語った。

つまり、効率性と利益ばかりを追求する大量生産や消費のあり方が、環境問題を考えても、持続可能でないことは目に見えている。そこに、地域経済を守る新しい進化のモデルを創造していくのが、小さな町の国際ネットワークなのだというのだ。

社会学者のマリオ・モッチェッリーノ教授の言葉は、簡潔だが心に響くものがあった。

「現代社会は、そこに参加すればするほど、社会のスピード化に加担することになる。それは科学やテクノロジーばかりでなく、文化的レベルにおいても何ら変わらない。気がつけば何かが加速し、そこに加担している……そうした変化の原因について、私もまだ答えを出し兼ねていますが、ただ、それを解決する哲学の一つが、スローではないか、と考えるのです。だが、それは遅さであって、決して停止ではない。止まることほど愚かなことはない。大切なのは、まず、自分が走っていることを自覚することです……。ここで我々が問われているのは、公文書的な関係ではなく、より具体的な効果のある関係を築くことです」

スローリースタッフと子供たち

スローシティのテーマは、結局、たとえスローとは無縁な大都市に暮らしていたとしても、そこでいかに暮らすかという具体的な選択において、私たち個々に課せられたものである。教授の言葉は、このことを改めて教えてくれた。同時に、自らの暮らしを棚に上げて、誰かを批判することからは、何も生まれないことも。

その後も延々と続く会議をこっそり抜け出すと、大聖堂の広場で、地元の子供たちを集めて、何やら遊んでいるお姉さんたちがいる。

そのTシャツの背には、「スローリースタッフ」とある。イタリア風のジョークかと思いきや、当人たちは真剣そのものだった。海賊の冒険譚《たん》を語り聞かせながら、幼児たちに木琴や太鼓で音響を担当させている。ラジオの裏方のようでちょっと楽しそうだ。これは、子供たちのスローな感性を育てる教育の一環で、ボランティアなのだという。

面白がって見ていると、若いスタッフの一人が、こんなことを囁いた。

「あのね、コンピューター・ゲームから顔を上げようとしないのは、日本の子供だけじゃない。こんなのんびりした町の子供も残念ながら同じなの。だから、できるだけ幼い頃に五感を使った遊びの楽しさを教えてあげたいの」

音の冒険に、幼児たちは真面目《まじめ》に取り組んでいた。照れくさそうな子もいたが、途中でやめる気はなさそうだ。

ゲームの海賊をやっつけてポイントを稼ぐより、嵐の波がうねる音、船のきしむ音、遠くに浮かぶ宝島の鳥たちが鳴く声を、自分たちの手で再現しながら、自分の頭で想像してみた方が、ずっとわくわくしませんかと、スタッフは言う。

日本でも、今や、食育の多くは、増え続ける高齢者の医療費節減のための国家プロジェクトか、でなければ大手メーカーの広報の一環と化している。けれども、畑や海で子供たちと食材を探し、いっしょに作ることに勝る食育はない。そこには、五感を通じて心を刺激する要素がすべて組み込まれている。

それなのに、自ら進んでその楽しみを放棄しようとしているのは、何も食の世界ばかりだけではない。衣も、住も、そして子供の遊びさえも、簡単・便利と言いながら、現代人は五感の喜びから自らを疎外しているのではないか。

そんなことをスタッフの学生さんは、あの時、私に伝えたかったのだと思う。

3章

名産の生ハムと同じくらい貴重な町の財産とは？

フリウリ＝ヴェネツィア・ジュリア州

サン・ダニエーレ

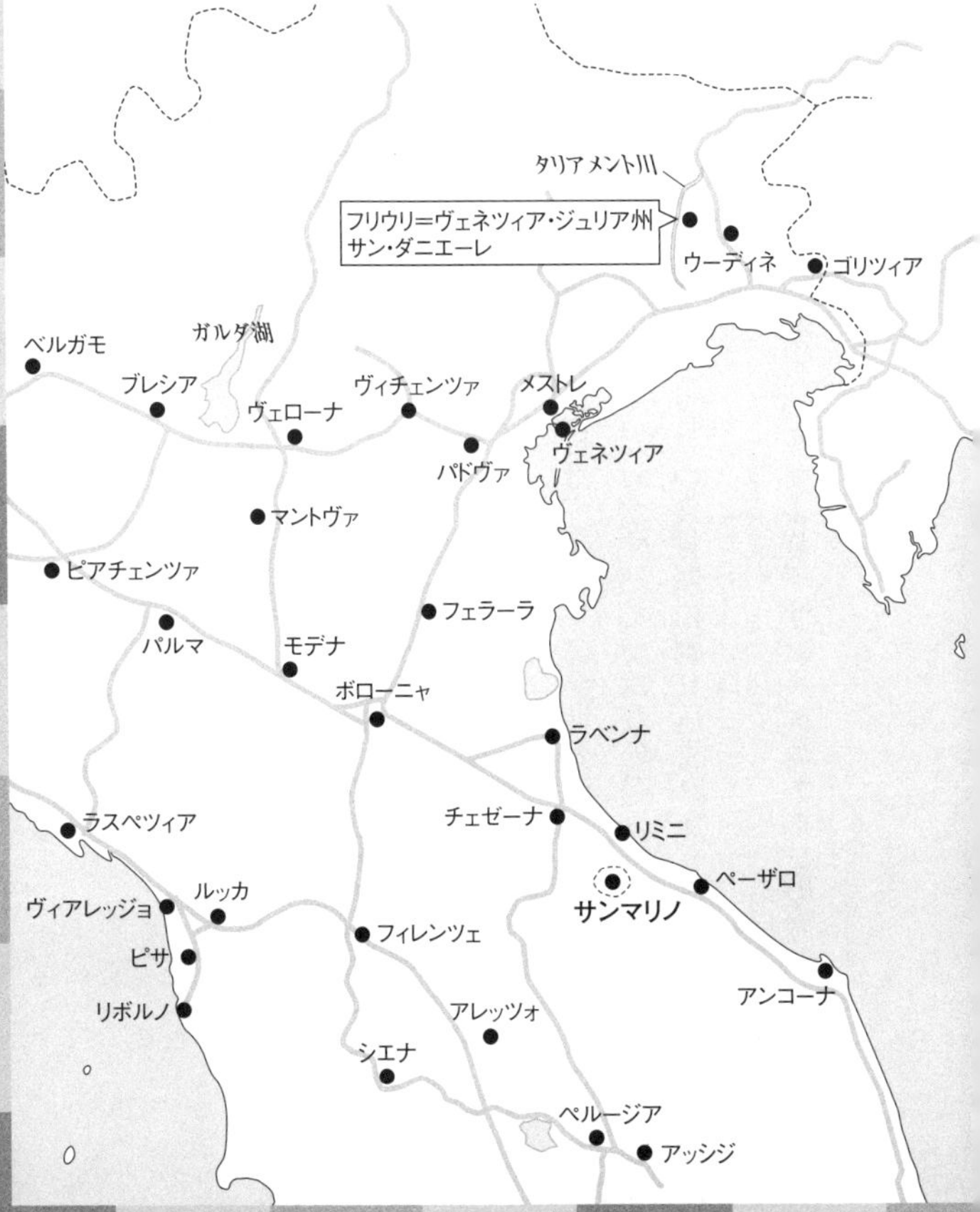

＊生ハム祭り

何年も前から一度、参加してみたい祭りがあった。

フリウリ＝ヴェネツィア・ジュリア州の山間地の町、サン・ダニエーレの生ハム祭り「アリア・ディ・フェスタ」である。

アリアとは、オペラやカンタータの詠唱のことで、長い歌劇の中でも、ここが聴かせどころといった曲のことだから、祭りの中の祭りといった意味合いもあるのだろう。けれども、そもそもアリアとは空気や雰囲気のことだから、ここは原文のまま「お祭り気分」とでもルビを振っておけばいいのかな。

さて、毎年、夏至の頃に開催されるこの祭りの主役は、イタリアが世界に誇る生ハム、サン・ダニエーレである。生ハムといっても、パルマだけがすべてではない。

パルマハムも大好きだが、学生時代、フィレンツェの食材屋に刷り込まれた。

「サン・ダニエーレは、もっとドルチェだよ」

塩がたっておらず、まろやかだという。しかもパルマより、サン・ダニエーレの方が若干、高かった。

そうしたら、この町が、なぜかスローシティになっていた。

意外性はある。日本にまで直営店があるほど世界的に成功している生ハムの町が、今さらスローシティ連合に入って、町のプロモーションでもなかろうと思う。

何か、よほどの事情でもあるのだろうか？

ともあれ、夢にまでみた生ハム祭りに、堂々と足を運ぶ立派な口実を見つけた。

ただ、車が運転できない私には遠かった。

ミラノから電車に乗ってヴェネツィア・メストレ駅で乗り換え、山間地へ向かいウーディネ駅で降りる。その時点で4時間半以上を要し、ほぼ着いた気になっていたら、そこからさらに本数の少ない長距離バスに乗らなくてはならないという。直通バスだと40分で着くはずだったが、どうも遠まわりするバスに乗ってしまったらしく、1時間半もかかった。

やがて、丘の上にそれらしい町が見えてきた。しかし、サン・ダニエーレだと降ろされたのは、丘の上ではなく、

サン・ダニエーレの遠景と名産の生ハム

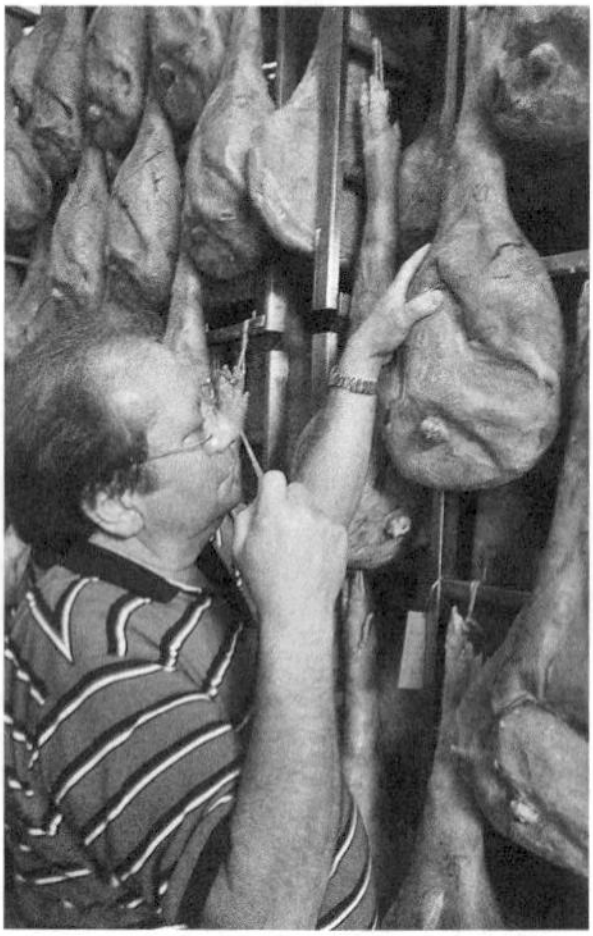

生ハムと白ワインを奢ってくれた『ブレンドラン』のご主人

交通量の多い殺風景な道路だった。周囲には、どちらに進んでも、それが間違いなら引き返すのがしんどそうな坂ばかり。とりあえず、辺りを見渡すと、その先に生ハム祭りの会場の一つとおぼしき大テントの涼しげな日陰が見えた。

　考えてみれば、うまい生ハムを頬張りに行く祭りなんて、参加者は家族連れか、友人同士、でなければカップルと相場が決まっている。テントの日陰で、ビールやワインで生ハムに舌鼓を打つ幸せそうな人々の間を、砂利道に抵抗しながら大荷物を引きずり、東洋の女が一人、顔を真っ赤にして近づいてくるのは、さぞ異様でもあれば、滑稽でもあったにちがいない。

　奥では、主人らしき人も、口元に笑いを浮かべていた。

「ホテルかね。それなら、その先の坂の上だよ」

だが、炎天下の坂道をそのまま登る気には到底なれず、主人の正面に無言のまま座った。

すると「どこから来たのかね？」と訊く。

「日本です」と答えると、今度は「イタリアに住んどるのかね？」と訊く。

そこで「いいえ、東京から、この祭りのためにはるばる来ました」と恩着せがましく答える。主人はまたかすかに笑い、「まあ、一息つきなさい」と、そばにいた青年に冷えた白ワインと生ハムを持ってこさせた。代金を払おうとすると、遠方から来た客への奢《おご》りだという。南の人のように表情豊かではないものの、北の人らしい控えめな親切がしみじみありがたかった。

久々の生ハム、サン・ダニエーレとも再会を果たし、風の涼しさを感じるほど正気に返ったところで、グラスを手に後ろを向くと、そこに愛《いと》しのサン・ダニエーレの塊《かたまり》がどこまでもぶら下がっていた。包装紙も派手だったが、輝いて見えた。

サン・ダニエーレの塊には、豚の蹄《ひづめ》がついていて、パルマよりも少し細長い。パルマも同じだが、イタリアの生ハムは添加物を使わない。海塩と熟成の時と技、そして土地の風土が創り上げたイタリアの発酵文化の王様だった。

この主人も、『ブレンドラン』というサン・ダニエーレの生産者だった。そして1時間後、主人が車で送ってくれた庭園つきのホテルも、『ピカロン』という大手の生ハム会社と同じ経営者だった。

どこもかしこも生ハムだらけだった。

＊小さな町には多すぎる生ハム工場

忙しい祭りの朝、取材の約束がとれたのは、サン・ダニエーレ生産者組合のミケーレ元会長だった。ボディービルダーのような体格は、生ハムを軽々と片手で持ち上げそうだった。ミケーレは、年間約25万本を生産する大手『モルガンテ』の社長だった。

サン・ダニエーレと呼べる条件は、組合の規定で、おおまかに次のようになるそうだ。まず、素材は国産豚に限ること。香料も酸化防止剤も一切加えず、海塩だけを使うこと。こと骨まわりの塩入れの加減は微妙で、これを間違うと生ハムにならないので、会社では必ずこの作業を人の手で行うのだと、ミケーレは強調した。最低13カ月以上、醸成させること。

それからミケーレは、伝統食と風土の切っても切れない関係について説いた。

「サン・ダニエーレの風味の秘密は、まず、素材である豚の良さにあります。次に海塩だけを使うこと、熟成の時間、それに風土。その4つです。

この町は、背後にアルプス山脈が控えています。その山から冷たい風が吹き降ろす。一方、アドリア海からは、暖かい海風が吹き上げる。サン・ダニエーレの町は、ちょうど海からも山からも約35㎞の位置にあるんです。もう一つ大切なのは、タリアメント川です。アルプスからの冷たい水を運んでくるこの大河が、町の西側を流れている。それが、天然のエアコンのような効果を生み出してくれる。こうした特別な風土が、生ハムの醸成にちょうどよい気温と湿度を保ってくれるのです」

古代ローマ人が、紀元1世紀頃、町の原型を築いた頃から、ここは中央ヨーロッパと地中海地方とをつなぐ街道の要所として栄えてきた。山間地からは主に鉄が運ばれ、海側からは塩や小麦が運ばれた。

その古代ローマ人に生ハム作りの技を伝えたのは、おそらく、先住民だったケルト人だという。紀元前4世紀頃には、ポー川流域のケルト人の手になる豚のモモ肉の塩漬けが、イタリア各所やギリシャでも取引されていたそうだ。

その後、フリウリ州の山間地では、豚を冬にしめて塩漬けにし、年間を通じて大切にいただくという伝統が細々と続いてきた。そこに近代的な工場が現れ始めたのは、１９３０年代からだった。

ところが量産する工場が現れると、サン・ダニエーレと呼ばれる生ハムの中に、味のムラが生じた。これではいけないということで、61年に生まれたのが、サン・ダニエーレ生産者組合だった。96年には、ＥＵの認める原産地保証制度、ＤＯＰの認証も受けている。

「現在、サン・ダニエーレ生産者組合の会員は、どのくらいですか？」

「31社かな」

だが、この後、元会長が妙なことを言い出した。

「問題は、この小さな町にはちょっと多すぎるということです。80年代には、組合に入っていない会社を加えても15社ほどだったのです」

約30年で倍増だ（２０１１年には27社に減っている）。調べてみると、80年代までの年間総生産量は35万本ほどだった。それが工場も倍増したとはいえ、２５０万本に増えている。

さらに組合に加盟する会社の歴史を調べてみると、半数以上が、マントヴァ、パルマ、ボローニャ、ノヴァラといった他の地域から移住してきた、あるいは、そちらに本社を持つ会社だ。

最初の『ブレンドラン』は、ヴィチェンツァから１９２７年に移ってきた会社で、『ピカロン』も90年にサン・ダニエーレに進出した大手だ。元会長の『モルガンテ』も、50年にスロベニアとの国境近くのゴリツィアで創業、86年にサン・ダニエーレに移ってきた。しかもそうした会社のほとんどが、パルマ、カルペーニャ、スペック、クラテッロといった、他のハムの名産地でも製造を手がける大手だ。

その結果、イタリア最大の生ハム産地、エミリア・ロマーニャ州のパルマが、組合に入らない会社を加えても、約２００社で年間生産量が９８２万本であるのに対し、サン・ダニエーレは、約30軒で250万本というイタリア第二の産地に成長した。

それだけこの土地に執着するのは、この風土でしかその味を醸し出せない発酵食品だからなのか？　それとも単に町の名のブランド力を手にしたいからか？

それでもサン・ダニエーレはイタリア人に愛されていて、85％が国内で消費されている。2006年からはフランス、アメリカ、ドイツ、日本へも輸出されるようになったが、今でも祭りは行われている。

今さら宣伝の必要もなさそうなのに、なぜ組合は祭りを続けるのだろう。

「この祭りは、組合としては決して儲かるわけではないのです。大切なお客さんたちをこの町に招いて食事会もする。コンサートも企画する。組合で、駐車場や町の要所までの一般向けの送迎バスも走らせます。小さな町は、あくまでも歩いて楽しんでほしいからです。そうした経費を、生ハムの売上げから引けば、稼ぎはほとんどありません。それでも組合としては、広報のための投資として続けているのです」

祭りの立ち上げから関わり、組合の広報を任されてきたエレナが、言い添えた。

「残念ながら、生ハムを毎日のように食べていても、その作り方を一度も見たことがないというイタリア人が今もほとんどなの。この味がどうやって生まれるのか、誰も知らない。それに名産地でありながら、サン・ダニエーレの町は、長いこと、ただただ作ることだけに専念してきた。ところが、工業化の時代になって、市場には安い紛《まが》い物も増えた。そうなると、やっぱり作っている現場に来てもらって、知ってもらうことが大切だってことに気づいたの。それまでは、町は観光地化もあまり考えてこなかったのね。だから、外国や見本市に出かけていくだけではなくて、思い切って、地元で何か面白いお祭りでも仕掛けてみようということになったの」

初回は85年だった。祭りの規模もまだ小さく、広場に3つのスタンドが立つ程度だった。しかし、91年、生ハムが外国へ輸出できるようになった年からは、オーストリア人やドイツ人も来るようになり、祭りの規模も町全体に広がった。

「その後、やっといくつかの生産者が、ガイド付きで工場見学させてくれるようになったの。近頃はまた、狂牛病だの、食中毒だの、食品の安全をめぐるいろいろな事件が起こって、ぜひ見学したいというお客も増えたわ」

坂だらけの道にはフリウリ地方のチーズやワイン、ハーブ、ジャム、石鹸などの露店が並んでいる。7年ほど前に町を訪れた時に比べて、レストランやバールが増えているようだ。目の錯覚かと思い、元会長に訊ねてみると、びっくりするような返事が返ってきた。

「祭りが回を重ねるにつれて、観光に疎かった町の意識が変わってきた、生ハムを食べさせる店も増えたね。生産者直営の食堂やレストラン、バール、食材屋も加えれば、今では10

0軒近くあるんじゃないかな。まあ、人口8000人強の小さな町には、充分すぎる数だと思いますよ」

その数字は、町の経済を端的に物語っていた。30ほどの生産者が稼ぎ出す年間売上げは、約3億3000ユーロに及び、フリウリ州の経済活動のほぼ半分を担っていた。しかも8000人の住人のうち約6500人までが、生ハムに関連する産業で生計を立てていた。この10年は人口も安定し、一割はチェコやセルビア、ポーランドなどからの移民だった。小さいながらも仕事のある町だった。

それは60～70年代、失業率が高く、海外への移民もたくさん出したフリウリ地方ではまさに例外的であり、裏を返せば、名物の生ハムなしにはにっちもさっちもいかない、日本でいう豊田市のような町でもあった。

＊多国籍企業が、生ハム作りを断念した理由

祭りの間、4、5軒の生産者が見学会を開く。本当は『カマリン』とか、『アルティジャーナ・プロシュット』といった小さな生産者を覗きたかったたが、時間が合わず、中堅どころの『テスタ・エ・モリナーロ』にした。

20人ばかりの参加者には、年配層よりも、むしろ親子や学生のような若い人たちの姿が目

『テスタ・エ・モリナーロ』で生ハム作りを見学。写真は塩入れをしたところ

につく。ポケットに手を突っ込んで生意気な質問をする8歳くらいの少年もいた。

その主人によれば、サン・ダニエーレが生ハムの王者たるゆえんは、パルマが最低10カ月以上寝かせなければパルマと呼べないように、サン・ダニエーレでは、これを最低13カ月と決めている。長く寝かせばそれだけ旨みも増し、まろやかさも出るからだった。しかし、寝かせておけば、その分コストもかかるわけで、店頭での値段もやや高い。

地元で3番目に古い『テスタ・エ・モリナーロ』でも、その昔、規模がうんと小さかった頃は、地元で育った在来の黒豚を使っていた。しかし、近代化が進んだ後は、別の州からも豚肉を買うようになった。

今や組合は、パルマ同様、ロンバルディア州やエミリア・ロマーニャ州を中心とした国内10州、約4800軒の養豚家と契約している。豚もラージホワイト、ランドレース、デュロックのかけ合わせだ。

その説明を聞くうち、誰もが語る生ハムを生み出す風土――アルプスの山からの冷たい風と、海からの暖かい風、天然の冷蔵庫タリアメント川といった話が、少しぼやけてきた。しっかりコンピュータで温度と湿度まで管理された環境で寝かせているではないか。50年代までは、冬にだけ作っていたそうだが、今や、小さな生産者でも冷蔵庫を完備しているから、年中作ることができる。

組合の規約には、最低8カ月以上の自然乾燥という項目が盛り込まれ、工場によっては、パルマのように開閉式の窓で外気を取り入れて風に当てる。そうした現状で、それほど風土性を強調できるのだろうか、と訊いてみると、「地球温暖化で、昔とは気候も変わってしまったので、人工的に管理された醸成庫は、質の安定と無駄を出さないためにも必要不可欠だと僕は思います」と少しはぐらかされてしまった。

「僕が子供の頃は、もっと雪も降っていたんです」

とはいえ、年間15万本のこの中堅どころは、ソーラーパネルを設置し、遺伝子組み換えの飼料を与えない豚だけを使い、トレーサビリティーにもこだわっていた。手作業を大事にしていることを強調し、「ロボットに仕事の大半を委《ゆだ》ねている大手もある」とぼやいた。

その話を聞くと、ますます、85年、私が初めて口にして感動したサン・ダニエーレの風味を、果たしてすべての生産者が維持しているのだろうかという疑念が頭をもたげた。

そこで、「コンピュータによる高度に管理された生ハム作りならば、たとえば多国籍企業が、気候条件のよく似た別の国で、同じものを作ることは可能ではありませんか?」とミケーレ元会長に訊ねてみた。すると彼はこんな話を聞かせてくれた。

「今も闘っているものの、ワインの世界は、かなりグローバルなものになってしまったといえるでしょう。カリフォルニア、チリ、アフリカでは、世界資本の大企業が、大量生産に乗り出していますし、イタリアの名産地にもずいぶん外資が参入しています。ワインだけではありません。世界的に成功したイタリアの食品は、常に多国籍企業に狙《ねら》われています。このサン・ダニエーレでも、94年、ネスレが『プリンチペ』という大工場を買収したのですが、99年には撤退し、イタリアの会社が買い戻しましたよ」

日本では、インスタント・コーヒーの会社として知られるネスレ社は、1866年、スイスで、アメリカ人のページ兄弟が立ち上げたコンデンスミルクの会社が母体だ。1947年、スイスのブイヨンやインスタント・スープで知られるマギー社と合併し、ネスレとなった。2007年には、製薬会社ノバルティス社のヘルスケア・ニュートリション事業も買収した。

「でも、どうしてネスレは、せっかく手に入れた世界ブランドの生ハム作りから撤退したのですか?」

するとミケーレ元会長は、りっぱな両腕を見せつけるように組み直すと、不敵な笑みを浮かべた。

「まあ、チョコレートやミネラルウォーターのように、たった一日で商品が完成し、売れるところにまでこぎつけるような食品こそが、彼らには魅力的なのでしょう。しかし、本物の生ハムやチーズのような、最低でも1年、寝かせなければ売ることができない食べ物は、彼らのビジネスには向かない。投資のリスクが大きいということでしょうね」

会長の言うように、ネスレ社は、1988年、イタリアのパスタ製造の大手ブイトーニ社、空港でもよく売られているバーチというチョコレートのメーカー、ペルジーナ社、92年には、フランスのミネラルウォーター、ペリエを買収していた。

ちなみに、サン・ダニエーレの最大手だった『プリンチペ』社をネスレから買い戻したのは、『デュケビッチ』社という、これも大きな老舗の生ハム会社で、サン・ダニエーレの『キングス』もその経営だった。

誤解を招かないように書いておくと、31の組合員の中には、週にせいぜい200本程度のモモ肉を丁寧に加工する職人的な工場もある。『プロロンゴ』『バガット』『ザニーニ・ジオバッタ』などは、せいぜい年に1万本以下の小さな生産者だ。中堅どころ『DOK・ダッラーヴァ』も、近年、シチリア島の黒豚農家と契約し、新しいプレミアハムの開発に余念がない。また地元の養豚家を守りたいという生協の要請を受けて、ごく少量だが、地豚を使ったサン・ダニエーレを作り始めたところだってある。実に多様なのだ。

しかし、元会長が工場の増加を懸念する本当の理由は、国産の豚では市場に出回っている生ハムの数をとても賄い切れないという専門家の指摘にある。この数年、イタリアのメディアでも取り沙汰《ざた》されていた。下手をすれば国産は半分ほどしかなく、これをキリストが空腹な人々のためにパンと魚を増やした奇跡にあやかり、〝サン・ダニエーレの奇跡〟と皮肉を込めて呼ぶ者までいた。昔、鹿児島の黒豚が生産量の5倍も流通していた話を思い出す。

また市場には、南米や東欧、ロシアなどから輸入された安い素材を使った安い生ハムも出回り、生ハムの名産地を脅《おびや》かしていた。そうした地域の豚は、餌や抗生物質の規制も違う。でき上がった姿は同じでも、風味ばかりか、安全性にも不安が残る。つまり、ブランドの力を維持するためには、どんなことがあっても質を守ることが大切で、そのためにも、ほどよい生産量を維持する必要がある。元会長はそう言いたかったのだろう。

しかし、生産量や売上げという数字ばかりを追い求める経済の世界では、そんなことはお構いなしだった。そして、EUがかつてない経済難に喘ぐ時にも、サン・ダニエーレの生ハムはなおも好調な売れ行きを見せていた。

＊ヨーロッパでも稀有な手つかずの大河、タリアメント川

「この町の独特な風土が育《はぐく》んだ生ハムの味わいを、僕らは誇りに思っています」

町の高台にある美しい庭園に立つ元貴族の屋敷が、そのまま役場になっていた。町長のエミリオ・ヨブが、開口一番、生ハムの話を始めた時は、これほどまでに名物が経済的成功を遂げた町では、その話題に終始するしかないのかと諦《あきら》めかけた。しかし、町長の話の内容は、すぐに予想もつかない方向へと展開した。

「けれどもこれ以上、生ハムの生産量が増え続けることは、この町の貴重な財産を脅かすことにもなるのです。だから、私たちの生ハムは、その高い質を守ることだけが、今後もずっとその価値を高めていく唯一の手段なのです。どこにでもあるような、普通の生ハムでは絶対にダメです」

町の貴重な財産とは、何なのかと訊いた。

「それは、町の北西を流れるタリアメント川です」

こうして町長は、熱心に話し始めた。

「タリアメント川は、アルプス山系の典型的な、しかも手つかずの大河です。川というものは、世界中、どこでも洪水の被害を防ぐために護岸工事が施され、ダムが造られ、その自然の姿は捻《ね》じ曲げられてきた。けれどもタリアメント川は、奇跡的に手つかずのまま残された川です。おかげで水域には、砂州もたくさん残り、珍しい動物たちを観察することもできます。イタリアだけでなく、ヨーロッパの中でも、非常に希少な姿を残す川なのです。

2003年の夏には、その支流で鉄砲水があり、2人の方が犠牲になりました。これを口実に、すでに砂防堰堤《さぼうえんてい》やコンクリートの護岸などの工事が行われました。政府は、さらに護岸工事を進めたいとしています。しかし、私たちは断固、これに反対しています。流域の自治体と手を結び、この蛇行する美しい曲線を描く大河を観光の軸として盛り上げていきたいと思っているのです。幸い、フリウリ州もこちらの方針に賛成で、景観と自然の生態系を壊さぬように協力しながら、川が暴れないようにする方法を模索しています」

一気に話し終えると、町長はもう一度、こう言い直した。

「いいですか、私が、さきほど生ハムの質を高めていくと言ったことと、スローシティが掲げる住民の暮らしの質が高いということは、直結しているのです。質という概念を、この町の領土全体の問題として捉えなければならない。サン・ダニエーレの生ハムの質が高いということは、そのすべての生産者が、地元の自然の価値を理解した上で、これを守ってくれている、ということでもあるのです」

グローバル化の中で、ますます貴重な地域の風土に根ざしたものづくりを守ることは、スローシティの大切な課題の一つだった。

地元の農産物、工芸品、名物の加工品を守るには、まず住民みんなが、その世界的な価値をよく理解した上で盛り上げていくことが大切だ。けれども町長は、それだけでは充分ではないと言う。反対に工場、農家、漁師、職人、地域のすべての生産活動が、住民の暮らしを脅かすようなものであってはならず、また自然や景観を損なうようなものであってもならない、と言うのだった。

町長は、なおも熱心に郷土の川を賛美し続けた。

アルプス山脈からは、細い枝を無数に伸ばした5本の川が、ヴェネツィアのあるアドリア海へと注いでいる。それらの川が、アドリア海側を魚の豊富な地域にしている。だから、魚料理に興じるヴェネツィアの観光客の至福の時は、アルプス山脈とヴェネツィアの潟とをつなぐ川の恩恵なのだという。

その中でも、フリウリ地域で最大の規模を誇る、約172kmのタリアメント川の水域は生態系が豊かで、カモシカ、ジャッカル、モルモット、ワシ、フクロウ、鶴、珍しい水鳥など、希少な生物が生息している。この水域に点在する砂州や湿地帯といったオアシスは、200以上の植物、50種以上のランの宝庫だった。

その流れを使い、自然に近い状態で養殖されるマスは、〝タリアメントの女王〟と呼ばれ、サン・ダニエーレのもう一つの名物だった。

ところが70年代から、動植物の数が減っていった。タリアメント川の流域には約90の町や村があるが、最大のジェモナでも1万2000人の小さな町ばかりだ。そこで生活排水以上に問題になっているのは、農薬や化学肥料、生産施設による水の汚染だった。

さらに町長は、公式文書には見当たらない汚染の要因について触れた。

「とにかく川をこれ以上、汚染しないよう、自治体としても高精度の浄化槽を設けたり、ゴミの分別に力を入れたりしています。しかし、サン・ダニエーレの問題はそれだけじゃない。生ハムの製造は、基本的に化学物質は使いません。だから自然に負荷はないのかというと、そうではなく、問題は塩入れによる、いわば塩害です。この町のすべての生産者が、タリアメント川が、いかに地域の宝として希少なもので、環境の世紀に今後、ますますその価値を増していくのだということを頭に叩き込んで欲しいと願っています」

この州の人たちが、ダムのような大がかりな河川工事に不信を抱《いだ》くのには、理由がある。それは、1963年のバイオント・ダムの悲劇だった。60年に竣工したこのダムは、この年の集中豪雨によってダムの湛水《たんすい》中に地すべりが発生。大量の水が津波化して下流の村々を襲い、約2000人もの犠牲者を出す大惨事となった。

町長たちは今、このタリアメント川流域にジオパークの認証を受けられないものかと動いている。ジオパークとは、2004年にユネスコが提唱したもので、地球科学的に見て重要な自然環境のこと。そのサイトを開くと、認証の主たる目的のところに、その保全と人々への啓蒙活動、環境を尊重した新しいツーリズムの推進とあった。

そう遠くない将来、サン・ダニエーレには、新しい自然観察ツアーが生まれそうだ。

＊アビアーテ・グラッソの運河と無料浄水器

タリアメント川の話を聞いて思い出すのはアビアーテ・グラッソである。ミラノから電車で30分ほどのこの町には、川ではなく、ナヴィリオ・グランデという運河がある。マジョーレ湖に注ぐティチーノ川とミラノをつなぐため、1257年に完成した歴史的な遺産である。このアビアーテ・グラッソも、スローシティの一つだ。

数年前、当時の副町長は言った。

「僕らがスローシティに加盟したいと申し出たら、トスカーナ州やウンブリア州の町の人たちに、ミラノからの22㎞の町がスローだって、と鼻で笑われたもんさ。彼らの言うようにミラノ周辺の町、チェザーノ・ボスコーネも、ランプニャーノも、セスト・サン・ジョヴァンニも、みんな森を伐採して宅地化し、すっかりミラノ化した。誰も知らなかったから無理もないが、ここへ来てみんなびっくりしていたよ」

人口3万2000人のこの町は、決して大都市の郊外になり下がってはいなかった。町になったのは1932年と、イタリアでは例外的に新しいが、運河の水運のおかげで、古い建

築が多い。ヴィスコンティ家の城は、子供たちに人気の図書館として利用され、煉瓦色の商店街には活気があり、人々は自転車で行き来する。周辺にはチーズ農家や養豚場も１５０軒ほど残っている。

しかも、美しいからぜひ見てほしいと案内されたお隣の村、人口１２００人のモリモンドには12世紀初頭の大修道院があり、修復が進んでいた。この村もスローシティの一員だった。

話をアビアーテ・グラッソに戻すと、最近は、運河沿いの屋敷や教会をめぐりながら、食事や買い物を楽しむスローな週末の小旅行などを仕掛けていた。

運河には何の仕切りもなく、アルプスの雪解け水を運ぶその流れには、見つめていると引きこまれそうな勢いがあった。小さな子供が落ちやしないかと心配になる。日本ならば、きっと不粋な柵で囲ってしまうところだろう。しかし、運河沿いには潔いほど余計なものがなく、時折、緑の並木の木陰があるくらいだから美しい。そして水の流れは、遠く、アルプスの山々の恩恵を肌で感じさせてくれる。

さて、その水の町で副町長が案内してくれたのが、近年、町の広場に設置された浄水器だった。しかもリバティー様式のガゼボ（西洋風あずまや）を思わせる洒落た造りだ。アルプス山脈の湧き水を汲み出し、何も添加せずに浄化する最新の設備で、水の安全性はミラノ市のお墨付きだという。ガス入りにする装置もついていた。アビアーテ・グラッソには、こうした浄水器が数カ所に設置され、市民は誰でも無料で利用できた。

日本でも、今やスーパーなどにあたり前のように浄水器が置かれているが、イタリアでは、最近、自治体や環境保護団体によるこうした無料浄水器の設置運動が広がっている。

イタリアの水道水はカルキ臭く、日本に比べて国民の信頼度も低い。そこで9割近い人が、飲み水はミネラルウォーターに依存してきた。

ところが近年、食品ばかりでなく、多国籍企業による国内のミネラルウォーターの買収劇が激化した。たとえば、コカ・コーラ社は、アルプス地方のレヴィッシマ、ヴェネト地方のラーラやサン・ベルナルド、クーネオ地方のイメルタ、ドロミーティ渓谷のヴェーラと名だたる名水を買収。同じアルプスの湧き水であるサン・ペレグリーノはネスレに買収された後、これを世界100カ国で販売している。

そんな中、生命の源である水はいったい誰のものか、という議論が高まった。かつて「水が石油より高くなる時代がくる」と予言したのはペリエの会長だが、それは、すでに現実のものとなった。水は、手間暇かけた牛乳よりも高い。

ならば、せめて安全な地下水や湧き水に恵まれた地域では、加工や運搬によって自然に負荷をかける高い水より、こちらを飲んだ方がいいだろうという発想だ。

2012年にグレーヴェ・イン・キアンティに浄水器を設置した「おいしい泉」運動のサイトには、「この浄水器を10カ所に設置することで、1万5000kgのペットボトルと3万2000kgの石油が節約できました」とある。

アビアーテ・グラッソの浄水器を造った『アガマ』という地元の会社は、今後も各地の役場、学校、広場などにこれを増やしていく予定だという。

*サン・ダニエーレの知られざる横顔

滞在の後半は、役場で広報をしているフラヴィアが、夫とともにずっとつき合ってくれた。話をするうちに、金髪のスレンダーな彼女には4人の子供がいて、夫とは再婚であることもわかった。フラヴィアが働く間、同居している彼女の母親や近くに暮らす姉が、子供たちの面倒を見てくれているのだという。

その夫が、昼食をご馳走してくれたのにはすっかり恐縮した。あまり予算のない役場に気を遣ってのことだ。

冷えた白ワインと生ハム、たっぷりの季節の野菜サラダの理想的な昼食を終えると、数ある教会の中でも、とっておきの聖アントニオ教会を案内してくれた。ファサードは簡素だったが、内壁は、ペッレグリーノ・ダ・サン・ダニエーレと呼ばれた、15世紀末の画家のフレスコ画で埋め尽くされていた。ペストの守護聖人、聖セバスティアーノ、聖ヨブ、聖ロッコが並ぶ珍しい一角もあった。

フレスコ画で埋め尽くされた聖アントニオ教会の内壁

「ごく最近、ペッレグリーノの生誕450周年記念に大修復されたばかりなの」

流暢《りゅうちょう》に解説するフラヴィアは、美術史の専門家だった。

聖人像で埋め尽くされた小さな聖堂は、トルコ人の侵入、ペスト、たびたび襲う地震といった災いのたびに、ここで祈りを捧げてきた住民たちの苦難の歴史を物語っていた。

夕方、フラヴィアたちがこの町で一番好きだという場所に、車で案内してくれた。

旧市街を降りると、ラニャーナという湖に出た。ここはバードウォッチングの穴場なのだという。湖のそばには、訪れる者もないユダヤ人墓地が草に埋もれるようにしてあった。さらに田園の小道を走り、ふたたび高台へと登ると、緑の丘の頂《いただき》に大きな木に寄り添うようにして、石造りの小さな礼拝堂がぽつんと立っていた。

「僕らは、この礼拝堂で結婚式を挙げたんだよ。家族と友人だけでね」

夫が言った。普段は鍵がかかっているが、町の司祭に頼めば、結婚式を挙げられるのだという。

フラヴィアは、中世に遡るというその清楚な礼拝堂の裏側へと歩いていく。

「この教会も大好きだけど、見せたかったのは、ここからの眺めよ」

そこで促されるままに裏へまわり、足元を見下ろした。するとそこに、今朝から話題になっていたタリアメント川の流れが姿を現した。

蒼《あお》い山々の谷間に、それは悠々と寝そべっていた。いくつもの砂州を抱え、くねくねと蛇行するその雄大な姿は、何とも存在感があった。

暴れる川をそのまま遊ばせておいたという感じの荒々しい様相は、ダ・ヴィンチが「モナリザ」の背景に描いた川の風景を思い起こさせた。あれはアルノ川の上流がモデルだとされるが、何百年も前の川は、概してそんな風だったのかもしれない。

「今日は霞《かすみ》がひどくて残念ね。晴れた日の夕方なんか川が金色に染まって、それはきれいなの」

それは、生ハムの名産地サン・ダニエーレのもう一つの横顔だった。

それにしても、こんな原初的ともいえる風景をよく守り通せたものだ。すると、しばらく川を眺めていたフラヴィアが言った。

ラニャーナ湖

丘の頂の礼拝堂

「フリウリ人の気質は、恥ずかしがり屋で、たいして愛想もないけれど、一度、信用したら、その関係は一生続く。そして言葉よりも行動なの。戦後、この地域に仕事がなくて貧しかった時代には、たくさんの人が外国にも移民したけれど、その先でもフリウリ人は働き者として通っているわ。76年には、この地方で大きな地震があったけれど、その後の復興も黙々とがんばったことで、とても評価されているのよ」

＊震災がきっかけで生まれた新しい宿のシステム

フラヴィアが、その震災をきっかけにフリウリ州で生まれた「アルベルゴ・ディフーゾ」という新しい宿泊システムのことを教えてくれた。

１９７６年５月に北イタリアを襲った地震は、フリウリ＝ヴェネツィア・ジュリア州の山間地に大きな被害を出した。倒壊した家の下敷きになるなどして、１０００人近くが命を落とした。

この時、壊れた山の集落を修復し、町の活性化を図るという試行錯誤の中で、震災から６年後に生まれた新しい宿泊システムが、アルベルゴ・ディフーゾだった。

眼下に広がるタリアメント川

イタリアでは、アグリトゥリズモと呼ばれる農家民宿が各地に発達しているが、アルベルゴ・ディフーゾは、農家でなくても始められる。新しい建物を造る必要もなく、今、ある家屋とその造りをできるだけ活かす。

また村中に家々が点在していても、レセプション（受付）や食堂は一カ所に集中させることができる。地域によって、レセプションが食堂を兼ねているところもあれば、村の飲食店の活性化のために、食と宿泊を分離しているところもあった。地域全体を楽しんでもらうのが主たる目的なので、登山、トレッキング、釣りなどの体験メニューもある。

観光局のパンフレットによれば、フリウリ地方の場合、素泊まりは20ユーロから。これなら家族で連泊もできる。イタリアでは、経済危機によって国民の4分の1がヴァカンスに行く余裕がないという。そんな中で、これはありがたい値段だ。

夕方、フラヴィアと4人の子、母親もいっしょに祭りにやってきた。フラヴィアの夫は、大聖堂の正面にあるバール店の主人だった。立ち飲みの客が広場にまで溢れ、カウンターも見えないほどの繁盛ぶりだった。

彼《か》は誰《たれ》時になり、祭りは、いよいよ盛り上がりを見せる。オーストリアやドイツからもお客が大勢押しかけるせいか、あるいは、長くオーストリア・ハンガリー文化圏だったせいか、生ハムの友は、ワインよりビールが圧倒的に優勢だった。

広場での70年代のポップスの熱唱はいただけなかったし、プラスチック皿の生ハムを頬張る赤ら顔の人々の姿は、いただくというより、食べ散らかすという表現の方がぴったりだった。

　それでも、ただ大勢が肩を寄せ合って食べて飲むというだけのことが、人々の心を高揚させ、何かロマンチックな雰囲気を醸し出していた。

　ふと、真剣な町長の表情が頭に浮かぶ。ただの生ハムではだめだ、特別においしく、質の高い生ハムでなければ、と彼は言った。それは、真の名産品とは何かということでもあった。

　多くの災難を乗り越えてきた働き者の町で、この生ハムが、タリアメント川の生き物たちとうまく共存できますように、

と祈りつつ、最後の一切れを口に放った。

町の広場で盛り上がる生ハム祭り。ビールを飲む人の方が多い

4章

空き家をなくして山村を過疎から救え！

アルベルゴ・ディフーゾの試み

リグーリア州

アプリカーレ

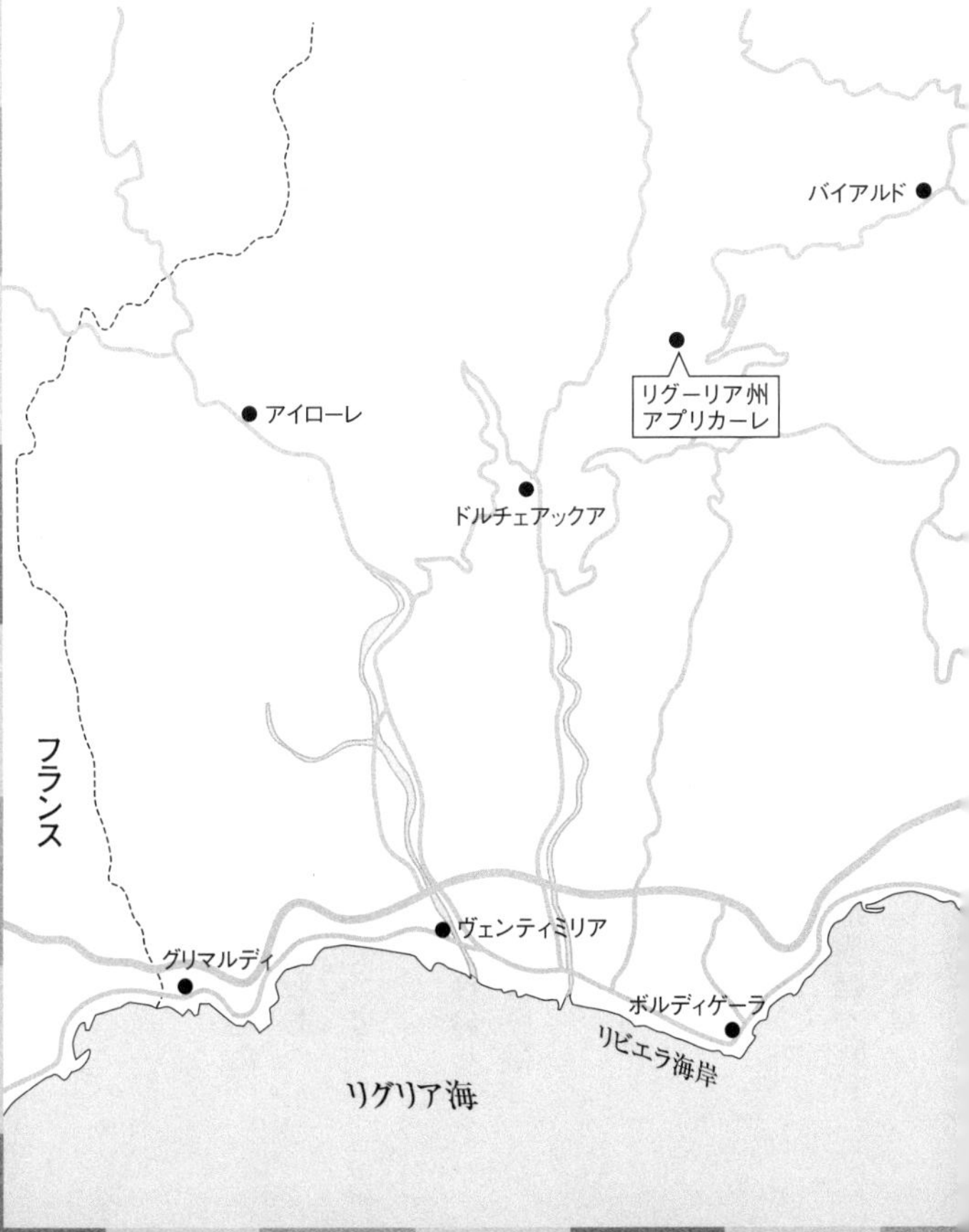

*地震の被災地の救済から生まれた新しい宿

フリウリ地方で耳にしたアルベルゴ・ディフーゾのことが、どうしても気になった。

日本各地の山村や離島に足を運ぶたびに、お年寄りが一人で暮らす一軒家や、空き家をたくさん目にした。風雨に晒され、そのまま朽ちるにまかせるのは惜しいような古民家もあった。ゆっくり泊まって、朝に夕に散歩でもできればどんなにいいか、と思う自然の豊かな村に限って、宿泊施設がない。

「何日か泊まれたら、蛍を見たり、山歩きしたり、いろいろ楽しめそうですがね」と打診してみても、空き家の持ち主が遠くに住んでいたり、おばあさんの一人暮らしだから農家民宿はとても無理、といった返事ばかりが返ってきた。

そんな山村や離島の現状を考えると、アルベルゴ・ディフーゾには、何かヒントがありそうだ。

前述のように、アルベルゴ・ディフーゾが生まれたきっかけは、1976年5月6日、フリウリ＝ヴェネツィア・ジュリア州のフリウリ地方の山間地を襲ったM6・5の地震だった。137の小さな町や村が被害を受けた。同年9月にも二度の余震に見舞われ、全壊家屋は約1万8000軒、半壊家屋が約7万5000軒、倒壊した建物の下敷きになって命を落とした人が989人、両親を失った子供たちは200人に及んだ。

しかし、この地震後の目ざましい復興ぶりが、フリウリ地方のイメージを変えた。それまで、移民をたくさん出した山間《やまあい》の貧しい地域だと考えられていたフリウリの人々が、軍や警察に混ざって隣人たちを救助し、10年ほどで町の修復と耐震化を進めた。その忍耐強さと黙々と働く姿に、イタリア中の人が心を打たれた。

電話で話を伺うことができたアルベルゴ・ディフーゾ協会の会長、ジャンカルロ・ダッラーラは、その誕生秘話を聞かせてくれた。

82年、当時マルケ州の宿泊業組合の会長だったダッラーラは、ある知人の相談を受け、被災地の一つ、フリウリ地方のコルメリアンという村（人口約600人）のそのまた郊外の集落マランザニスにやってきた。

知人の依頼は、村の人に宿の経営について講義してくれないかというものだった。

だが、その村に立ったダッラーラは愕然とした。

集落では20以上の家屋が地震の被害を受けたが、すでに数年がたち、木造と白い漆喰壁のアルプス地方独特の伝統家屋はほぼ修復を終えていた。それなのに、あまりにも人の気配がない。多くの家が空き家と化していた。震災で仕事を失い、スイスやオーストリアに移民に出た家主も多かった。

被災後、酪農や林業を諦めた家も多く、従来の農家民宿は成立しにくい。また、本人がそこに暮らすのが条件のB&B（朝食付きの簡易宿泊施設）を数軒、開業したところで、注目を浴びるほどの観光化の起爆剤にはならない。かといって、従来の宿を運営するだけの人手も資金も足りない。

ダッラーラが途方にくれてあたりを見まわすと、しかし、そこには神々しいほどの自然があった。

「派手な史跡や美術館こそありませんでしたが、決して何もないわけではない。むしろ、環境の時代に求められるものは、何もかもあったんです」

ならば、いったい何ができるのか。そう考えあぐねていた時、案内してくれた知人が耳慣れない言葉を口にした。

「これだけ空き家があれば、〝アルベルゴ・ディフーゾ〟なんてできるんじゃないですか」

「アルベルゴ」は宿、「ディフーゾ」は、たとえば、太陽の光線が拡散するように広がるといった意味だ。それは、レオナルド・ザニエールという地元の詩人の造語だった。

そして、その村がアルベルゴ・ディフーゾ発祥の地となった。

85年、エミリア・ロマーニャ州のカリオストロ卿の城で有名なサン・レオに呼ばれたダッラーラは、この村に増える空き家を利用してアルベルゴ・ディフーゾを実現したいと役場に交渉した。だが、空き家の所有者の多くが外国に移住し、充分な空き家を確保するに至らず、断念した。

当時は、ダッラーラの中でもその定義や条件がしっかりと定まっていなかった。

その後、長い試行錯誤の末、地方自治体が正式にアルベルゴ・ディフーゾの規定を設けたのは、95年、サルデーニャ島の海岸の町ボーザが最初だった。

ところで、イタリアには、中世の農園跡、古い修道院や貴族の屋敷を改装したホテルがわんさかある。アルベルゴ・ディフーゾは、それらといったい何が違うのか？

「アルベルゴ・ディフーゾの最大の目的は、高齢化が進み、若者が都市へ移り、空き家が増えていく村や集落を存続させ、活性化することにあります。

一方、普通のホテルでは、まず観光客の快適さが要求されるため、狭い階段、低い天井などがあれば、取り壊して新しく造ります。

その場合、修道院や古い集落は一つの器として利用されたに過ぎないのです。そこには、村人の生きた暮らしは、もうないのです。

これに対し、アルベルゴ・ディフーゾは、今、そこにあるものを壊さない、できるだけそのまま活かす。ですから、雨の降る日は、レセプションから宿への移動は億劫《おっくう》だし、狭い階段や低い天井など、宿泊客も多少の不便を受け入れなければならない。けれども、その代わりに保証されるのは、本物の暮らしです」

「大手のホテルチェーン・グループが経営するようなケースもありますか？」と訊ねると、ダッラーラはむきになってこれを否定した。

たとえば、フィレンツェの北約35㎞のカステルファルフィでは、82年にミラノの実業家が、中世の集落を含む１３２０ヘクタールの土地にホテルやゴルフ場を建設し始めたが、資金難から２００４年、ドイツの大手ＴＵＩ・ＡＧグループに売却。同社は、これを約４０００人が宿泊できる農村観光の拠点として造り上げ、12年に開業した。

そして、世界に約３００の宿泊施設を持つこの大企業は、歴史と地域の文化に密着したイメージを付加しようと考えたのか、その集落をアルベルゴ・ディフーゾとして申請しようとした。ところが、これに疑問を感じたドイツ人のジャーナリストの問い合わせを受け、ダッラーラは、これは決してアルベルゴ・ディフーゾではないと抗議し、結局、同社はこれを断念、リゾートに訂正した。

「そこには村人が一人もいないからです。たとえば、私が東京のホテルに泊まる。するとミラノやニューヨークのホテルとちっとも変わらない、スタンダードな空間です。それに対しアルベルゴ・ディフーゾでは、その土地だけの文化が味わえる。普通のホテルにはホールが1つならば、こちらには2つある。1つは情報を提供する受付、もう1つは部屋の外に広がる集落です。そこには広場や商店やレストランがあり、旅人は、そのコミュニティの一員として迎えられるわけです」

ダッラーラはまた、「水平方向に広がる宿」という表現を繰り返した。それがディフーゾの響きが意味するところなのだろう。

ならば、自治体の協力は必須条件なのだろうか？

「自治体が協力してくれればベストです。けれども経営は、あくまでも個人です。一番多いのは、自分の住む古い伝統家屋を修復したいが、その資金繰りに困っている人たちです。そこで、これを旅人に貸すことで、その費用を捻出しようというわけです。次に多いのは、祖父や叔母が暮らしていた空き家を所有することになり、足を運んでみたら村をたいそう気に入った。いずれはそこで暮らしたいという人たちです。経営は、個人のこともあれば、若者のグループの場合もあります。村に惚《ほ》れ込んだ外国人もいます。

政治は水ものですから、自治体が経営母体となるのは危険です。ただ、アルベルゴ・ディフーゾの魅力が、その地域全体を味わうことにある以上、おいしい店があったり、そこでしか買えないものがあったり、独特の祭りや劇場が機能していたり、自然や歴史に通じたローカルガイドがいたり、若者に新しい雇用を生み出したりするためにも、自治体の協力はとても重要です」

私から見て、アルベルゴ・ディフーゾが画期的なのは、受付や食堂が、地域に一カ所あればいいという点だ。

たとえば農家民宿は、料理を作るのが苦にならない人や、家族にプロの料理人がいる場合にはうまくいくが、そうでない時にはちょっとした悲劇だ。農家の主婦は、ただでさえ忙しい。

しかし、アルベルゴ・ディフーゾなら、人材や資本があれば食堂を充実させるのもいいが、そうでなければ、町のレストランの活性化のためにも食泊分離にすればいい。地元の素材さえ活かせば朝食だけで構わないし、それも無理なら素泊まりでもいい。そもそも農家である必要もない。これなら、主人が不在の空き家も、主人に納得さえしてもらえばうまく活用できる。

現在、フリウリ地方では、8つの山村にたくさんのアルベルゴ・ディフーゾが生まれ、州も積極的に応援している。また、サルデーニャ島やシチリア島などの山村や沿岸部にも、人気の高い宿がある。トスカーナ州やウンブリア州には、存続が危ぶまれた修道院や城を維持するための贅沢な宿もある。内容もいろいろなのだ。

２０１２年、アルベルゴ・ディフーゾ協会は、ロンドンで毎年開催される、「ワールド・トラヴェル・マーケット」の観光部門でグローバル賞を受賞し、その取り組みが改めて評価された。スイスの山間地には、１泊５００ユーロの宿が生まれ、クロアチアのイストリア半島にも広がった。高齢化で存続の危ぶまれる村を抱えているのは、決して日本だけではなかった。

＊歩いて楽しめる、イタリアの美しい村の連合

人口５万人以下の小さな町の連合、スローシティが生まれた後、２００１年にはフランスの先例に倣《なら》い、もっと小さな、人口１万５０００人以下の村のネットワーク、「イタリアの美しい村連合（I Borghi più Belli d'Italia＝ＢＢＩ）」が生まれた。

会長は、ウンブリア州の湖の町、カスティリオーネ・デル・ラーゴの元町長フィオレッロ・プリーミである。

この連合の目的もまた、住民の生活の質の高さにある。そのためには町が美しくなければならないし、サービスが充実し、アクセスもよくなければならない。しかし、その最大の魅力は、駐車場を旧市街の外に造り、市街地の中への車両の進入を制限して、ゆっくり歩いて

楽しめる町を実現したことだ。さらに、屋根の素材や外壁の色の統一、照明や看板の見直しなど、こと細かな改善によって、町並みを整えていく。

ローマの市町村連合の協力もあって、初年度から146の村を紹介するBBIガイドも出版され、それまで誰も知らなかった小さな村や集落に、新しい観光の流れを生んだ。2012年時点で209もの村が加盟している。

その中でも、本書のまえがきに登場した、元ラクイラ町長チェンティーニのお勧めが、アプリカーレという村だった。

「山の急傾斜にびっしり家が立っていて、それは美しいんだ。そんな造りだから村中が坂だらけ、階段だらけで、不便といえば不便だから、人は減る。高齢化も進む。ところがリグーリア人は、あの村が好きでね、何年も前からアーティストたちが通って壁画を描いたり、演劇をやったりして盛り上げているんだ」

アプリカーレは人口579人の村。その一度訪ねてみたかった山村に、2011年にアルベルゴ・ディフーゾができたという。これは無理をしてでも行くしかなかった。

ただ、フリウリ州の山小屋タイプの宿が格安料金なのに比べて、この新しい宿はどの部屋もダブルで210ユーロ。2012年5月時点で約2万3000円である。

意気込んで出かけたのはいいが、まず、ミラノからフランスとの国境近くのヴェンティミリアまで4時間以上かかった。そこからアプリカーレ行きのバスは、日に3本。考えてみれば、交通の便の悪さから人が減り、訪れる人も少なかった集落を活性化しようという試みである。つくづく車あってのアルベルゴ・ディフーゾだ。

仕方なく、宿の主人のエマヌエッラに電話をすると、「それじゃ、ドルチェアックア行きのバスに乗ってね。そうしたら、薬局の前にうちの子を迎えによこすから」と言う。20分ほどで中世の石橋が残るドルチェアックアに到着。薬局の前で待っていた〝うちの子〟は、ルーマニア移民のいかついお兄さんだった。

そこからアプリカーレまでは10分ほど。川沿いの村を抜け、山道を登り始めると、右手の緑の山並みの中に村が姿を現した。

山の急斜面にへばりつくように立つ家々

赤煉瓦の家々が、急な山の斜面を覆い尽くすようにしてへばりついていた。まるで村全体がよくできた彫刻のようだった。

実際、坂でない道などなかった。しかもほとんどが車の通れない狭い路地ばかり。そうした路地の坂の途中から細くて急な階段が延び、その上の坂へとつながっている。明るい路地が、急に暗いトンネルに変わったかと思えば、猫たちがうずくまるワインバーの脇に出て、また階段を登ると急に視界が開け、村の中心の広場に出た。

広場には、2つの教会が向かい合って立ち、一方の背には城塞が聳えていた。その三角形の塔には、塔を登っていくかのようなブロンズの自転車が溶接されていた。これはアーティストの置き土産だそうで、今や坂ばかりの村のシンボルとなっていた。

アルベルゴ・ディフーゾのレセプションは、駐車場から100mほど緩やかな坂を登ったところにあった。受付のウクライナ人女性によれば、エマヌエッラ一家は、平日はトリノで働き、週末だけ顔を出す。ただ今回は話を聞きたいという私のために、明朝に来てくれると

塔に溶接された自転車

アルベルゴ・ディフーゾのレセプション

いう。

その時点で、張り紙をしっかり読むべきだった。お腹の大きなその女性が案内してくれた私の部屋は、そこから優に200mは登った地点だった。大荷物を抱えてへとへとになって到着した時、記憶の中でぼんやり焦点を結んだその張り紙には「荷物運び請け負います　5ユーロ」とあった。

扉を開くと、まず共有の台所があり、細い階段の上に緑と空色を基調にした部屋があった。もともと迷路のような山村だけに天井は低く、部屋もこぢんまりしていたが、洞窟のようなバスルームはジャグジー付きで、ベランダからは緑の谷間が見下ろせた。

荷物から解放されると、夕方の村を歩いた。日本とは、まるで異なる文化圏に迷い込んでいながら、どこか懐かしかった。一つは、この村の湿度だ。日照時間の短い路地には、あちらこちらに苔《こけ》が生えていた。湿気とともに漂ってくるのは、猫のおしっこの臭《にお》い。猫がやたらと目につく。大量発生しているわけではない。車に轢《ひ》かれる心配がなく、まるで村の守り神でございとばかりに、ふてぶてしく寝そべっているせいだった。

その気配は、学生時代に暮らしていた根津や谷中の猫道を思い出させた。そして日本の猫道には、猫の額《ひたい》ほどの空間に必ず丹精こめた花の鉢が並んでいるように、この村にもやはりそうした一角があり、灰色の迷路に色彩のオアシスを創り上げていた。

緑と空色を基調にした部屋。部屋によって内装は異なる

洞窟のようなバスルーム

宿泊したアルベルゴ・ディフーゾ『ムンタ・エ・カーラ』の入り口

共有の台所

どこか懐かしさを感じさせるアプリカーレの路地

日差しが和らぐと、広場に村人が集まってきた。子供たちは三輪車で駆けまわり、母親たちは谷を見下ろしながら雑談し、老人たちはバールで食前酒をひっかけていた。

遠かったが来てよかった。夕刻、街灯が灯《とも》ると、迷路はいっそうマジカルな雰囲気に包まれた。半日も歩き続ければ道を覚えてしまいそうな小さな村だったが、どこか夢の中でも歩いているようだった。

*「こんな村は、世界にただ一つしかないのですから」

村の歴史を知りたかったこともあり、地図を求めて役場に顔を出すと、きさくなシルヴィオ・ピサーノ村長が、よくできた手帖サイズのガイド本を差し出しながら教えてくれた。

アプリカーレが、現在のような姿になったのは10世紀頃で、サラセン人の侵略に怯《おび》えたヴェンティミリア伯爵家によって、村に城塞が築かれた頃に遡るそうだ。

ルネサンス期まで、住民は３００人ほどだったが、最盛期の１８６１年には、２０１６人が暮らしていた。村の経済は、古代からずっと農業。羊や牛を飼って乳を搾り、チーズやパンを売って暮らす。山村の〝ベンツ〟は、ロバとウマを掛け合わせたラバだった。最盛期の村の路地という路地は、人とたくさんの動物で犇《ひし》めきあっていたという。

しかし、現在の住民は約６００人。売り家の看板をよく見かけるはずだった。

小さな山村だが、「コムーネ」という自治組織が生まれたのは古く、1200年前後に遡る。まえがきでも触れたが、「コムーネ」とは中世にイタリアで生まれた地方の自治組織で、その単位は大小さまざまだ。日本では村や町、市と呼ばれるものまでを含む。本書では、便宜的に村や町と表記したが、現地では人口279万人のローマも、一番小さな人口30人強のペデジーナも、すべてコムーネである。大きさはいろいろでも、その関係は基本的に対等。そして、現在の市町村連合には、8000以上のコムーネが登録されている。

城塞ができてから、村の所有者はずっとヴェンティミリア伯爵家で、その後もドーリア家の支配下にあった。しかし、コムーネが生まれて以来、村の運営については自治が尊重されてきた。小麦の大生産地でもなく、金鉱の村でもなく、非常時の避難場所に過ぎなかったのが幸いしたのだという。

この中世のコムーネの条例の中で、シルヴィオ村長のお気に入りは、「どの市民も、すべからく畑を持つこと」である。

「当時の農家は、昼間は城壁の外で働き、夕方になると城壁の中に戻って眠る。しかし、条例では城壁の外だけでなく、城壁の中にも、家屋のそばに畑を持つべし、と定められているんだ」

いざという時には、身近な場所で自給するのが一番。災害だけでなく、たびたび外からの侵入者に悩まされてきた地域らしい、シビアな食の安全保障の教えだった。

地震はないのかと訊ねると、大きなものはないが、1887年の地震で、お隣の標高1000メートルの村、バイアルドの教会の天井が崩れ落ち、当時、住民460人のうち200人近くが亡くなったと教えられた。

村の最大の強みは何かと、シルヴィオ村長に訊ねた。

「潤沢な予算があればそれに越したことはないが、今や地方自治体にはそんなものはない。だがその分、ここには人のつながりがある。ここはアートの村として知られていて、70年代からは毎年夏場に『テアトロ・トッセ』というジェノヴァの劇団が公演をしているんです」

村全体を美しい照明によって舞台に見立てる。旧家のバルコニーに天使が腰かけ、広場の空中ブランコで恋人たちが掛け合いをし、寸劇を繰り広げる。観客たちは夜の村をそぞろ歩きながら、中世劇を楽しむという趣向だ。

「芝居がかかる数日間は3万人が押し寄せる。城塞では、コンサートや展覧会もやるし、結婚式も挙げる。そうして村の良さを知った人から、口コミでその情報が伝わっていく。だから、人のつながりが何よりの戦力です。

それ以上の強みは、少なくとも500年間は変わらない、そのままの姿で残った村のかたちです。こんな村は世界にただ一つしかありませんから」

宿の主人エマヌエッラ

*生まれ育った故郷の村を廃墟になどしたくない

早朝、散歩をしていると、向こうから声をかけてくれたのが、宿の主人のエマヌエッラだった。アルベルゴ・ディフーゾでは、受付だけでなく、食堂も地域に一つでいい。幸い食堂は、私の部屋のすぐ向かいにあった。ケーキもジャムもスタッフの手作りで、新鮮なリコッタチーズもあり、申し分ない内容だ。

朝食をいただきながら、気になっていた宿の名前の由来を訊ねた。

「『ムンタ・エ・カーラ』って、どういう意味なのですか?」

「アプリカーレ弁でね、登ったり、降りたりって意味よ。アプリカーレ人《アプリカレーゼ》は、今日はどうだった? と路地で挨拶されると、よくそう答えるの。特別なことはない、いつもと同じって感じかしら。実際、ここの暮らしは毎日が登ったり、降りたりだからね」

エマヌエッラは、生粋のアプリカーレ人だった。1953年、ここで生まれ、高校までを過ごした。ヴェンティミリアの大学を出た後は、会計士となる。そこで同業者の夫と知り合い結婚、一女を授かった。現在は、夫婦で会計事務所をトリノに構えている。

しかし、娘の子育てが一段落した頃から、年老いた母親がこの村で一人で暮らしていることもあり、週末に足を運ぶようになった。

そんな2007年末のある日、城塞で開かれたコンサートの席で、たまたま隣に腰かけた元町長のロベルト・ピッツィオが耳元で囁いた。

「後3カ月くらいで予算が切れるのだけど、ジェノヴァ州から三度も電話があってね。この村で、アルベルゴ・ディフーゾをやらないかというんだ。君、やってみる気はないかい？」

アルベルゴ・ディフーゾなど聞いたこともなかった。そこで、さっそく教えられた協会に電話をすると、ダッラーラが丁寧にノウハウを教えてくれた。増える空き家を、外観や造りは変えず、ベッドやバスルームを整え、旅行者がくつろげる空間にする。食事は、地元のレストランで楽しんでもらえばいい。そうすることで村を活性化できるし、雇用も増やせるかもしれない――。

エマヌエッラは、まず親戚の家から交渉を始めた。祖母や伯父の家も長いこと空き家になっていた。いずれは自分たちが暮らそうと改装を始めていた家もあった。

だが、改装とひとくちに言っても、中世の面影を残す山村である。

「大変だったのは、ものの運搬ね。この村には、狭い路地と坂しかないでしょう。たとえば、ここね。食事中にごめんなさい」と一応断ったものの、大勢のカップルたちが楽しそうに食事する食堂で、声をひそめるでもなくエマヌエッラは続けた。

「ここは畜舎だったわけよ。だから床から数十センチも家畜のフンが積もっていて、もう大変だったの。まず、それを運び出す。ところが出しても、路地が狭いから積んでおけば通行の邪魔になる。すぐ運ばなければならないわけ。石もごろごろしていたから、これも運んで、床をすっかり張り替えて……」

食事が終わると、エマヌエッラが、時間が許す限り、部屋を見せたいという。

部屋のデザインは、どれも同じではなかった。というより、極端に違っていた。雲の上のようなポップな部屋もあれば、リバティー様式の蝶や藤の絵柄の部屋もある。淡い空色のプロバンス風の離れもあれば、フクロウだらけの中世の塔もあった。最近、改装した部屋はというと、少し疲れてきたのか、装飾を最小限に抑えたシンプルなものだった。

「どの部屋も自分の家のように自由に使えて、台所もあるから、買い物してきて料理したっていい」

この村育ちのエマヌエッラは、坂道に慣れ切っていて、豊満な身体を苦ともせず軽やかな足取り。ついていくのに精いっぱいだった。それにしても、この多様なインテリアを担当したのは誰だろう。いささかやり過ぎでは、という部屋もあったが、その意匠には並々ならぬ情熱を感じた。

「内装は、みんな旦那よ」

だが、夫はデザイナーではなく、会計士だ。

「トリノのオフィスや家の改装も、みんな旦那がやったんだけど、クセになっちゃったのかしらね。楽しいみたい」

そのご主人のイメージに合わせて骨董屋から家具などを調達するのは、商学部でマーケティングを学んだ娘のヴァレンティーナだという。無駄のない家内工業だ。

レセプション、掃除、朝食の準備、ガイドにも若い人たちを雇っている。想像を絶する投資だ。それを考えれば、値段は極めて妥当だった。

20ほどの部屋を見終わったところで、そもそも、いくつの部屋があるのかと訊ねて、仰天した。わずか2年で、エマヌエッラは54もの部屋を造り上げていた。

「何かしらね、何だか、火がついちゃったのよね。もう気がついたら夢中で」

空き家には事欠かない。こと日照時間の短い北側は、放っておけば危険なところもあった。彼女はものすごい勢いで、そうした家々をめぐり、譲ってくれないかと訊ねてまわった。

それにしても、持ち主である老人たちに、アルベルゴ・ディフーゾというものが、長い目で見て村の存続に貢献するだろうと説明するのは、容易ではなかっただろう。

「それは、無理だと思ったし、実現できてから説明するしかないと思ったの。だから私ね、この村に戻りたいから、家を探しているのと相談したのよ。そしたら、みんな安く譲ってくれたのよね」とペロリと舌を出した。

なかなか強引なやり方だ。後に物議を醸してないか、やや心配である。

彼女に改めて、アルベルゴ・ディフーゾの良さを訊いた。

「たとえば1つの建物に3つの部屋があって、そこに共有の台所やバルコニーがある。プライバシーを尊重する普通のホテルでは、これは間違いなくマイナス点でしょう。でも、アルベルゴ・ディフーゾでは、古い集落を守ることが真ん中にあるから、あるものを壊さないのが基本なの。お客もそれを理解した上で、他のお客さんたちとの交流を受け入れてくれる。楽しんでもくれる。

イタリアには古い農場や城を企業が買って、丸ごと豪華なホテルに改装したものもたくさんある。けれども、そこに生きた暮らしはない。でもアルベルゴ・ディフーゾには、お客さんを受け入れる宿泊設備だけではなく、その集落の暮らしがある。教会や郵便局や食堂があって村人が住み続けることができる。それが大切なの」

*わずか3年で、3軒の新しい店が生まれた

宿の稼働率は高かった。5月だったが、「先週の日曜日は、68人も泊まっていたのよ」と

いう。海水浴場として人気のリビエラ海岸まで車で20分ほどだから、夏場はほぼ9割が埋まるという。

2軒ほど古いB&Bもあるが、彼女の試みがテレビや雑誌でさかんにとり上げられたことで、村に来る人は確実に増えた。

「この村の活性化にさっそく一役買ったわけですね」

そう言うと、エマヌエッラがこれを否定した。

「いいえ、村の活性化に貢献したと言うには、まだ早い。まだまだこれからよ。でも、私が宿を始めた頃、食料品店の奥さんが、昨日はサンドイッチとミネラルウォーターがたくさん売れたわって声をかけてくれたの。単価が小さいものばかりでごめんね、って言ったら、お客が来るってことがうれしいのよ、と言ってくれた。それにね、この3年で、新しく3軒の店ができたのよ」

彼女が子供の頃は、まだ村に商店街と呼べるものが残っていた。

「肉屋があって、シャンプーや石鹸も買えるよろず屋みたいな食料品店も4軒あった。生地屋があって、女性用の仕立て屋と、男性用の仕立て屋もあった。洋服も作るのがあたり前だったものね。金物屋も週に一度は開けていたわ」

それが今では食料品店が2軒きり。そこに3軒の店が誕生したのだ。

うち2軒は、Iターン者の店だった。その1人、ファビオという木工職人は、ヴァレーゼからの移住者で3人の子の父親だった。村の方々で目にするカラフルな猫の絵の郵便受けや扉は、すべて彼の作品だった。もう1軒は、Iターンの女性によるステンドガラスの工房。残りは、レストランで働いていた女性が、地元の青年と結婚して始めた食材屋だった。

精力的なエマヌエッラは、今も、城壁の外にプール付きのエステサロンを建設中だった。

この村の将来を、彼女はどんなふうに思い描いているのだろうか。

「ごく最近まで、村の暮らしは大昔とほとんど変わっていなかった。太陽が昇れば、5㎞も離れた畑まで出かけ、夕方には戻って寝る。ところが、50年代からの工業化政策で、山村の人口は急激に減った。テレビが若者の意識を変えたのね。たくさんの若者が、海岸沿いの避暑地に仕事を求めて、村を離れていった。

でも私は、工業化で農村から人が減ったこと自体は、必ずしも悪いことばかりではなかったと思うの。たとえば、谷の下を流れる川は、イタロ・カルヴィーノの小説の中で「メルダンツァ（クソの川）」と呼ばれていた。理由を調べたら、当時は、河原で麻を叩くからいつも泥のように濁っていたというの。だから、ただ人口が多ければいいわけではない。大切なのは、工業文明とのバランスだと思う。

ただね、こんなふうに農村から劇的に人がいなくなるのは、本当に問題だわ」

別れ際にエマヌエッラは、自分をこの村に引き戻した忘れられない出来事について話してくれた。

「私が小学校2年の頃、ヴェネトからやってきた先生がいた。その先生が、私たち生徒に向かって言ったの。こんなところにどうして住めるのかって。あなたたちの親は、いったい何をして食べているのかって。彼女は私たちのことを貧しいと感じていたのね。

でも、その時、私ははっきりと自覚した。私たちは貧しくないって。春にはたくさんの花が咲く、学校があって、友だちと遊ぶ広場があって、両親がいて、家族には愛情がある。ちっとも貧しくなどない、いや、豊かで満足しているって。だって、その先生はここへ来るまでオタマジャクシも見たことがなかった。そんなことも知らなかったのよ」

*もう一度、村に戻らなければならない理由

たった2日間の滞在で、アプリカーレにできるだけ早く戻りたい理由ができた。

一つは、この小さな村のレストランの驚くべきレベルの高さだった。とんでもない場所にしっかりしたレストランが隠れていることは、イタリアでは珍しくなかったが、この村は、また格別だった。

『ムンタ・エ・カーラ』の客は、4つのレストランの一割引きクーポン券がもらえる。

初日は『アンティーカ・オステリーア・デルボーノ』に行った。広々とした窓からは蒼く染まっていく緑の山々が見渡せ、席につくと注文した皿が運ばれるまでにチェチ豆やトウモロコシ、タマネギの小さな揚げ物、いんげん豆の煮込みなどが次々と出た。対応も文句なしだった。

これだけでも満足なのに、翌日、エマヌエッラが勧める『ダ・デリオ』に足を運ぶと、看板料理のウサギのラビオリは繊細な風味で、ポルチーニとトマトソースのスペルト小麦の手打ちパスタも、うっとりするような味わいだった。昔は野ウサギを使っていたが、今は一軒だけ残っているウサギ農家から仕入れているという。

あまりの至福に思わず「あなたの料理をいただくために、またこの村に戻ります」と口走ると、この浮かれた東洋女相手に「いいえ、私など大した者ではありません」などとイタリア人らしからぬ謙虚な言葉が返ってきたから、すっかり恥ずかしくなった。

主人のデリオは、若い頃、広場にあった叔母の店を手伝っていた。パリやミラノで働いたことはなく、ずっと地元の店で働いた後、独立したのだという。

あんなウサギ料理は日本では食べられないし、手打ちパスタの優しい味も忘れがたかった。

しかし、それにも増して戻りたい理由は、ある長老との出会いだった。

滞在初日に広場で、宿で働くトリノ出身の若い女性が、広場にたむろしていた長老に声をかけてくれた。「あのね、おじいさんたち、彼女に昔の話をしてあげてくれない？」と。しかし、老人たちは、東洋人には言葉が通じないのではと懸念したのか、まるで何も聞こえなかったかのように、どこかへ行ってしまった。

「何ていうのかしら、リグーリア人ってちょっと冷たいのよね」とトリノの女性は肩をすぼめた。

ところが、その夕方、別の路地で同じ長老に出くわすと、「こんなところで立ち話もなんだ。私の家はすぐそこだから、お茶でも飲みに寄りなさい」という。本当に〝冷たい〟リグ

『ダ・デリオ』入り口

看板料理のウサギのラビオリ

ポルチーニとトマトソースのスペルト小麦の手打ちパスタ

ーリア人だった。

彼の名はシルヴィオ・カッシーニ、1923年生まれだった。

シルヴィオの家は、いかにも男やもめらしく雑然としていた。90歳の今も自力で洗濯し、簡単な食事も作れる。役場で働く娘さんが、ほぼ毎日、食事や身の回りの世話を焼きに通っていた。

シルヴィオは、私を家に通すなり、奥さんの写真を見せてくれた。64歳の若さで病に倒れたという奥さんの写真は結婚当時のもので、大きな瞳のなかなかの美人だった。

「私が子供の頃には小学校は90人、今じゃ10人だね。私が若い頃は、まだ2000人近い人がいて、それは賑やかだった。僕はね、村の楽団でトロンボーンを吹いていたんだよ」

戦時中は海軍兵として出征し、ドイツ軍の捕虜も経験した。ラ・スペツィアの海軍時代、アメリカ軍の軍艦を目にして、負け戦だと直感した。

「イタリアのお粗末な軍艦に対して、まるで島のような迫力だった。こりゃ、敵《かな》いっこないな、そう思ったよ」

戦後は、食べていくために豆の行商をした。その豆も自分で作った。昔から山に暮らす者は、農業も林業も手がけ、収穫物を加工し、町で売ることまで自分でやってきた。行商をしながら、週末には畑で野菜や小麦、葡萄、オリーブを育てた。

「昔はね、自分たちの食べるものは、何でも自分たちで作った。それがこの村の豊かさだった。谷には7つも水車小屋があって、小麦も栗も挽いてもらえた。共同のパン窯もあった。オリーブだって搾油所に持ち込めば搾ってもらえた。この辺のオリーブオイルは、おいしいんだよ。山ではウサギもとれたし、ワインも自家製だった。それが今じゃ、食べ物はスーパーで買うしかないだろう」

シルヴィオは、バルコニーから荒れた畑が見えるのが悲しいという。

「今は足がこんなだし、畑仕事ができなくなって残念だよ」

しばらく沈黙が続き、シルヴィオが「食前酒にチンザノでも飲むかね」と言い出すので、台所のテーブルに、奥さんのピエリーナの写真も並べて乾杯した。

「僕は行商人だったから、モナコの市場にも出かけた。だから結婚してもほとんど家を空けていた。こんなに早く彼女が逝ってしまうのがわかっていれば、もっとたくさん、そばにいてあげたらよかったな。今でも後悔しますよ」

白いキッチンの窓から、かすかに色づき始めた夕刻の光が射し込んでいた。

窓の向こうには、緑の谷間と澄んだ空だけがあった。キッチンが空に近かった。その時、若い頃の奥さんがそばで笑っているような気がした。すきっ腹に食前酒がまわったのだろう

シルヴィオと乾杯

か。するとシルヴィオが、「私も毎晩、寝る前に彼女の写真にキスをして、お休みを言いますよ」と笑った。

翌日の晩、夕食後の散歩中に広場でシルヴィオに再会した。

「もう会えないかと思いましたよ」と、また広場のバールで食後酒をご馳走してくれた。年季の入った帽子は、すっかり擦り切れていた。

「また、この村に会いに来てくれるかな」と訊くので、「きっと戻ります」と握手すると、

「まだ、生きていればね」とかすかに笑った。

そうして擦り切れた帽子を被《かぶ》り直し、踵《きびす》を返した。

杖をついてゆっくりと遠ざかる老人の影が、路地の暗がりに紛れてしまうまで、じっと見守らずにはいられなかった。

5章

ありえない都市計画法で大型ショッピングセンターを撃退した町

エミリア・ロマーニャ州

カステルノーヴォ・ネ・モンティ

*イタリアの中山間地

この町を訪れるのは、二度目だった。

エミリア・ロマーニャ駅から長距離バスでアペニン山脈の方へ50分も登っていくと、古い映画で恐縮だが、『未知との遭遇』を思い出させる円柱形の大岩が、忽然《こつぜん》と目の前に現れる。カステルノーヴォ・ネ・モンティは、その裾野に広がる人口1万600人ほどの町だ。

一人旅ばかりしている私は、団体旅行が苦手である。それが2010年の秋、ほんの数日とはいえ、団体旅行に参加する羽目になった。

人生も折り返し地点を過ぎて、この辺で一度、お世話になった人たちにお返しをするのも悪くないと思いかけていたところに、「イタリアの小さな町を見たい」と頼まれた。それも相手は、私が勝手に第二の故郷と呼んでいる、熊本県水俣市でお世話になった吉本哲郎さんだ。しかも、日本に一つしかないという「中山間地域研究センター」の若い学者たちもいっしょだという。

仕事として引き受けるのは柄じゃないので、それはイタリアに長い友人に頼み、別の仕事がてら自腹で出かけ、適当につき合うことにした。

『未知との遭遇』を思い出させるビスマントヴァの大岩（後述）。この裾野にカステルノーヴォ・ネ・モンティの町がある

水俣と聞けば、水俣病の報道のせいか、どうしても海を連想する人が多いが、この町の約6割は山間地だ。あまり開発が進まなかったことが幸いし、こんこんと水の湧く水源の森や緩やかな棚田など、懐かしい農村風景がよく残っていた。そして吉本さんは、90年代、水俣市役所の環境課の頃、当時は日本一とも言われたゴミの徹底した分別化を進め、電柱を地中化し、地元の有機農家や職人を環境マイスターとして表彰し、市民の意識を変えることに情熱を注いだ一人だった。

中山間地域研究センターは島根県の山間地にあり、長年、郷づくりを手伝ってきた同じ島根の弥栄《やさか》という山村の役場の人も同行するという。

そんな山間地を知りつくした人たちを、いったいどこに案内すればいいのか。

イタリアの山といえば、ヘミングウェイも愛したコルティーナ・ダンペッツォなどが、筆頭に浮かぶ。万年雪をいただくアルプスの山々に囲まれた世界的な避暑地で、日本が梅雨でじめじめする季節には、高山植物が花盛り。けれども、戦前から自然美保護法の対象地域で、建築規制も厳しいアルプス地方の山村は、日本人にとっては景色が整いすぎている。しかも長い歴史の間で国境が変化したこともあり、普段はドイツ語を話す人も多く、まさにドイツの山村のように家並みも整然としていれば、白いシーツもぴしっと清潔ときている。

おまけに、数年前、水俣の山の集落を案内したイタリア人が、こう悪態をついたことも思い出した。

「せっかくの美しい山の景色を、白いガードレールが台なしにしているじゃないか。せめて伸び放題の竹なんかでできないのか？」

そして、こう結んだ。

「いいか、イタリアのアルプス地方には、ガードレールは景観をそこなわないように木製にすべしと決められた地域もあるんだ」

そんなところに案内するのは、不親切を通り越して嫌味ですらある。

そこで閃いたのが、2008年、スローシティ連合の新会長となったジャンルーカ・マルコーニ町長の地元、カステルノーヴォ・ネ・モンティだった。エミリア・ロマーニャ州の、トスカーナ州境の近くにあり、イタリア半島の背骨、アペニン山脈の裾野のまさに中山間地に位置している。

カステルノーヴォ・ネ・モンティを直訳すると、「山の新しい城」という意味だが、今は基石のごく一部しか残らないその城が新しかったのは、中世初期のこと。12世紀、カノッサの屈辱に登場する女伯マティルデがこの一帯を治めていた頃は、内陸部からティレニア海へ抜ける街道の要所として栄えた。

ただ、周辺の村には塔や見張り台も残っているとはいえ、城壁に囲まれた中世の町、サン・ジミニアーノやアッシジを知ってしまった目には、どうしても地味に見えた。加えて、日本人がイタリアといったときに思い描く、古い教会や広場といった町の中心が定かでない。一応、それに類するものはあるが、どこか新しげで風情に欠ける。

国道沿いに立つホテルに荷物を預けて表に出るなり、一服していた吉本さんが、案の定、ぼそっと言った。

「この町には城壁が残ってないなあ。それに案外と車の音がうるさい」

それだけではなかった。

前々日の晩、山道を走りに走って辿《たど》りついた農家民宿で、中山間地域研究センターや弥栄の役場の人たちは、森に分け入り、食べられる実やら珍しい昆虫やらウサギのフンを次から次に探し、見かけより案外と豊かな森だと、教えてくれた。ところが吉本さんは、周囲の森

をニコリともせず眺めまわし、

「森が妙だな、案外と新しいな」

などと憎たらしげにつぶやく。

その時には「やれやれ」と思ったが、実は、これが鋭い観察眼というものだった。


吉本さんは、水俣市の意識を変えていこうという試みの中で、地元学というものを一つの手掛かりにした。

それは、東北の山村を歩いた民俗学者の結城登美雄さんが提唱したもので、「映画館がない、病院がない、デパートがない」と都会と比較をして、ないものばかり探すのはもうやめて、澄んだ空気やおいしい水、美しい森、旬の農作物、うまい郷土料理、珍しい在来種、職人、歴史、温かい人間関係といった足元の宝に、住民が気づくための手法だった。

首からカメラをさげ、地図と聴き書きのためのノートを手に、その町の驚きを探しにみんなで繰り出す。そこに、新しい目で眺めることができるよそ者がいれば上出来だ。こうして見つけたものを、テーマごとに絵地図にまとめて住民と共有しながら、これを使って何ができるかを模索する。

「ないものねだりから、あるもの探し」をスローガンにした、地域活性化の手がかりを掴《つか》むための意識改革の手立てでもあった。

まるで遊びのようだが、実際にやってみると、次から次に地元にあるものが見えてくるから不思議だ。私は、この地元学が日本中の学校や老人会、商店街や役場で流行《はや》れば、日本も何とかなるように思っている。

その地元学を、水俣だけでなく全国各地で指導してきた吉本さんのやや捻《ひね》くれた観察眼が、時のヴェールを引っぺがし、異国の町を眺めていた。


町長と話す機会ができた時、さっそく城壁のないことについて訊ねてみた。

「アペニンの山間地は、パルチザンの活躍の舞台だったこともあって、最後の戦争ではかなりの爆撃を受けました。この町にも城壁跡が一部、残っていたのですが、パルチザンが多かったことで、ムッソリーニ政権が嫌がらせの意味も込めて、城壁もろとも町の中心部をぶち抜き、トスカーナ州の海岸部までの軍用道路を造ってしまったのです。おかげで、この町には、古いイタリアの町らしさは希薄です。ドイツ軍が隠れているとして、連合軍の空爆を受けた古い建物もあります」

「それじゃ、周囲の森は、今、どんな状態なのですか?」

「周囲の森は、戦後、がんばって植林してきたものです。今も続けていますし、町の方針としても市民と植林を続けていくことは大きな課題です。森も、戦時中に燃料を調達するために大がかりな伐採を受けて、一旦、ほとんど丸裸になってしまっていたんです。それが80年たって、やっと今のような状態にまで回復したのです」

この町は、旧市街の大半が爆撃で失われた、フランカヴィッラ・アルマーレ（まえがき参照）によく似ていた。この2人の町長が、スローシティの会長に選ばれたのは、町の活性化の難しさゆえでもあるだろう。美しい旧市街を失った町は、イタリアでは最も町おこしのハードルが高い。活気を生み出すには、ひと工夫もふた工夫も必要だ。ただ、そうした町の方が、日本の町おこしの参考になりそうだった。

旧市街を破壊され、森を一旦は失った話を耳にし、改めてマルコーニ町長たちが仕掛けたあるイベントの面白さとその意味に思い当たった。

それは、60年代に建設され、会社が倒産したことでそのまま廃墟化した、大きな養鶏場をめぐる奇抜なイベントだった。

＊過激なイベントで、市民の美意識を揺さぶれ！

「ビンゴ！　ボタンひと押しで、怪物とおさらば」

謎めいたパンフレットには、そう書かれていた。赤い炎のイラストの下には、緑の丘を背にした、コンクリートの養鶏場の廃墟がある写真と、それが消えた後の写真——コンピュータ処理したビフォー・アフターが掲載されていた。

２００５年、マルコーニ町長は、エミリア・ロマーニャ州の補助金を得て、12万ユーロ（当時約１５００万円）で、この廃墟と土地を購入した。それも、目障りな廃墟をただ破壊するためだった。

ただし、いかに処分するか、それが問題だった。

企画を引き受けた『キンカレリ』というパフォーマンス集団の代表は、いっそダイナマイトで破壊しようと切り出した。

もっと騒音の少ないやり方もあるのでは、という記者の質問に対し、その代表は、こう答えている。「中世のドラゴン退治のようなムードを作り上げたかったのです」。そして、「ダイナマイトの爆発に、長年、農村風景をおとしめてきた怪物への怒りと不満を込めたのです。それに当日はテレビ中継もお願いしてあるから、インパクトの強い演出が必要なのです」と続けた。

しかも、破壊の主役が町長や要人ではありきたりだと、ビンゴゲームで一般市民から選ぶことにした。

05年5月28日午後3時半、地元のブラスバンドの演奏とともにイベントは幕を開けた。周囲には市も立った。買い物とピクニックを楽しんでもらった後に、いよいよビンゴゲームが始まる。選ばれたのは、ベビーカーを引く若い母親だった。

イベントは、市民の景観への意識をゆさゆさと揺さぶるため、極めて意図的に組み立てられていた。

案内状には、こう書かれている。

「カステルノーヴォ・ネ・モンティのコムーネは、ついに、この〝怪物〟をレッジョ・エミリア県とともに購入し、アペニン山脈地方の美しい緑に立つ、巨大にして醜悪なるものを、破壊することに決定しました。

フェリーナ集落のエコ・モンスターは、残念ながら、私たちの山の風景を台なしにするものとして悪名高く、このイベントは長く宿望されたものでした。あまりに長い間、山の地域の景観を傷つけていたものからついに自然の調和を取り戻す、この祭りに住民のみなさん全員をご招待いたします。〈中略〉

まずはコミュニティそのものが、地元の風景に目覚めていること、そして、その民俗学的な意味、自然としての意味、文化としての意味を、広く受け入れていることが最も重要です。

フェリーナ集落のエコ・モンスターの破壊は、その大きな気づきへの鍵となる瞬間なのです。その崩壊は、この建造物が、思い上がった、そして誤った文化的アプローチであることを明確にし、将来にわたって新たなエコ・モンスターたちが生まれないことを予見するものです」

いかにも理屈好きなヨーロッパらしい案内状だが、このイベントは、同年、エミリア・ロマーニャ州が始めた「第一回　風景ビエンナーレ」で話題となった。

そして、この小さな町から発信された「エコ・モンスターの爆破」が、イタリアの各地に飛び火した。

翌06年、バーリ郊外で80年代末に造られかけた高層マンションが、ガラッソ法（30ページ参照）による違法建築であることから工事中止となり、廃墟化していたが、同じように姿を消した。07年にも、カラブリア州カタンザーロの遺跡近くの違法建築を爆破。11年には、シチリアのモディカ、12年にはミラノやナポリ郊外で80～90年代の高層建築の廃墟が爆破された。

何でもありの、そこが魅力でもある大都市の建築物を、いまさらとやかく言う気はない。ただ、美しい海岸線や棚田、宿場の町並みが残るような地域では、ちょっと過激だが面白い試みかもしれない。

マルコーニ町長には、さらなる秘かな野望があった。そのターゲットは、町長室の窓から見える70年代のアパート。10階ほどでも、地元では高層ビルと呼ばれていた。町長は、人が住むそのアパートを見上げ、憎々しげに呟く。
「いつの日か、町からあれを消し、山の眺めを取り戻すのが私の秘かな夢なのです」

*住民の役に立ってこそ法律である

大手のチェーン店や大型店舗が増える一方で、地元の個人店がどんどん減っていくのは、日本も同じである。

日本では、70年代のスーパーの進出、チェーン店の登場、そして24時間経営のコンビニ文化が、米屋、タバコ屋、駄菓子屋、酒屋、食料品店といった個人店をなぎ倒していった。しかもバブルが弾《はじ》けた90年代、中小の店舗を守るための牙城《がじょう》だった大規模小売店舗法（大店法）をわざわざ改正し、さらに巨大な大型ショッピングセンターが地方にどかどか現れた。車が買い物の手段として定着すると、大手のチェーン店が立ち並ぶ国道沿いはどこも似通ってくる一方、駅前の商店街はさびれ、軒並みシャッター通りへと変貌した。

個人店が生き延びにくいのは、魚屋や八百屋、本屋やブティックだけでなく、レストランや喫茶店も同じだった。

だが、そうした現象は、今や世界中、どこに行っても起こっていることだ。この山間地の小さな町、カステルノーヴォ・ネ・モンティも決して例外ではなかった。

昨今の経済難の煽りを受けて、旧市街にはシャッターの下りた店も何軒かある。ナイフ専門店のおばさんが、ぼやいた。

「私は、若い頃からずっとこの町で暮らしているけれど、この通りは昔、それは賑やかだったのよ。こうして一軒、また一軒と消えていくのを目にするのは、本当に寂しいわ」

それでも、ここは、中世には塩やスパイスを運ぶ街道の要所として、また農産物の市が立つ栄えた町だった。昔から病院や図書館があるし、アペニン山脈の村々の買い物スポットでもある。だから、山村らしからぬブランドショップも軒を並べていた。

究極の専門店、釣鐘工房『カパンニ』

究極の専門店、釣鐘工房もある。最盛期には10軒ほどあったそうだが、現在は『カパンニ』工房だけになった。それでも、この工房の釣鐘は美しい音階を奏でると、世界中から注文が入る。山口県にあるサビエル記念聖堂にも納めているそうだ。

加えて、スーパーも大小4軒ほどある。

そんなわけで、住人1万600人ほどの小さな町に、今もまだ約250軒の個人店が健在なのは、あっぱれなことだ。

夕方、町に買い物にやってくる人たちの姿を目にしてふと思う。アペニン山脈を代表するショッピングの町ならば、大手量販店も進出を狙っていそうなものだと。

するど町長が、こんなことを言った。

「以前、カルフールなどの大手が、3社も出店を打診してきました」

カルフールとは、世界最大手であるアメリカのウォルマートに次ぐ、フランス系のスーパーマーケット・チェーンで、イタリアでは2010年までに61店舗を展開している。ちなみに、日本には2000年に進出したが業績が振るわず、その後、イオンに吸収された。だが、ウォルマートは逆に西友チェーンを吸収し、今も店舗を増やしている。

マルコーニ町長は、こうした世界的大手の進出にすこぶる批判的だった。それは、町を賑わせてきた個人店の死だけでなく、国内のスーパーの倒産も意味し、やがては、町の個性を剥奪《はくだつ》する。当時、副町長だったマルコーニらは、何とかこれを阻止しようと、04年にイタリアで施行された最新の景観法「文化財・風景財法」をもとに、町の「都市景観条例」を作った。これがまあ、でたらめな条例だった。

「この条例によれば、市街地の中には、1500㎡以上の大きな商業施設しか建てられない。一方、町の郊外に建てる場合は、250㎡以下の施設に限られる。けれども、この小さな町の市街地には、1500㎡もの広い敷地なんてどう探したってありません。結局、大手スーパーは進出を諦めざるを得なかったというわけです。別に彼らに〃出店するな〃と言ったわけではありませんよ」

町長が初めて悪戯《いたずら》っぽい笑みを浮かべた。

町中に1500㎡の敷地を持つ施設を建てようとすれば、何軒もの家屋や教会や広場をなぎ倒すしかないが、そんなことは不可能である。逆に、郊外の小さな店では商売のうまみがない。

住民の暮らしに活かしてこそ、法律は真の法律になるというわけだ。

マルコーニ町長は、「大型ショッピングセンターは、町の風景をがらりと変えてしまう。それに若者たちが町に残るには、長い目で見て存続する、独立性も創造性も高い仕事の方が好ましい」という。

カステルノーヴォは、06年にスローシティ賞を受けた。受賞理由は、あの奇抜な「エコ・モンスター爆破」イベントの実施と、この「文化財・風景財法」をイタリアで初めて本格的に活用し、大型ショッピングセンターの進出を防いだことに対してだった。

今回、吉本さんとともに二度目にここを訪れると、マルコーニ町長は会議室の奥から大きなパネルを取り出した。そこには、「天然のショッピングセンター構想」とあった。日本語

「天然のショッピングセンター構想」を説明するマルコーニ町長（左）

にすると面白みに欠けるが、原文は「Centro Commerciale Naturale」と簡潔だ。森に囲まれたカステルノーヴォが、わかりやすい絵地図で示され、個人店が細かに描き込まれていた。

「世界中に増えていく大型ショッピングセンターの人工的で画一的な空間よりも、こちらの方がずっと魅力的じゃありませんか？　と私たちは提案したいのです。こちらは、あの息苦しい人工的な空間ではない。壁は緑の森なら、天井は青空です。

　澄んだ空気を吸い、気持ち良く散歩しながらショッピングを楽しむ方が、人間、ずっと幸せじゃありませんか。環境へのインパクトも少ないし、身体にもいい」

　調べてみると、これは06年、パルマ郊外の城壁に囲まれた町モンタニャーノが、カンヌで開催される世界最大の不動産カンファレンス・ＭＩＰＩＭで発表したのが最初だ。世界の投資業界の要人が集まるイベントで、この町は、大型ショッピングセンターやアウトレットモールが生み出す世界の均質化に対し、ノーと唱えようと提案した。そして、森や広場、城壁や回廊など、その町固有の環境の下で商業活動や文化活動を活性化することで、もっと人間的で多様な空間を守ろうと呼びかけ、カンヌでは投資家たちの共感を集めたのだという。

その何倍も切実なのは日本です、と言いかけて口を閉じた。グチってばかりいても何も始まらない。「グチから自治へ」と説く地元学の師匠も、隣で聞いているではないか。

最後にマルコーニ町長は力を込めた。

「個人店が創り上げる天然のショッピングセンターは、町の歴史そのものであり、町の顔であり、町の個性なのです。それこそが、町に真の生気を与えるものであり、町のアイデンティティなのです」

日本でも、せめて古い町並みや自然がまだ残っている地域では、こうした動きがもっと盛んにならないものだろうか。興奮さめやらぬままホテルに戻り、改めて、この町発の造語「Centro Commerciale Naturale」を、「青空ショッピングセンター」構想と訳すことにした。

＊文化と教育と福祉を支えるたおやかなボランティア活動

「イタリアでは、小さなコムーネの場合、その町長というものは、基本的によろず相談係なんだ。日本は違うのかい？」

前回の訪問時、妻に逃げられた傷心中の男性からの長電話を受けていたマルコーニ町長に

20分待たされた。その時、町長が謝りながらそう言った。

今回の訪問ではもっと待たされた。また誰かの相談を受けているのかと思ったら、とんだ思い違いだった。秘書のモニアが、町長は前日の真夜中、標高1200mの集落に住む身重のドイツ人女性の調子が悪いので、往診に出かけていた、というのだ。

町には、80人の医師と看護師、200床を備えた聖アンナ病院がある。町長の2人の兄も外科医として勤務していた。1931年にこれを創立したのは、マルコーニ町長の祖父で、彼はパルチザンの英雄だったという。60年代、病院は赤字を抱えて存続が危ぶまれたが、自治体と市民が反対運動を起こしてこれを守り、州立病院となって存続した。

マルコーニ町長が小児科医だったことは知っていたが、まさか町長をしながら医者を続けているとは夢にも思わなかった。真夜中の往診でほとんど寝ていない上、ずれ込んだ仕事に追われていたのだ。町長の福祉と子供たちの教育への並々ならぬ情熱は、どうも家系らしかった。

小児科医としての信望は、町長と一緒に町を歩けばすぐにわかった。町中の人が彼に声をかけてきて、なかなか前に進まないのだ。

「自宅から役場までは、普通に歩けば10分だけど、こんなふうだから、大抵40分もかかる。彼らの孫や子供たちをずっと診てきているから、みんな知り合いです。それでも車でさっと来るよりは、ずっと楽しいですよ」

教育については、エミリア・ロマーニャ州は、世界からも視察団が訪れるほど人間教育に力を注ぐ地域として知られている。日本人は、教育レベルが高いとなると進学校が多い地域を連想するが、そうではない。多様な文化に触れ、偏見のない知性を育て、大地とのつながりを取り戻す。ものづくりや自然と触れ合うことを重視し、五感に訴える教育に力を注いでいる。

長年、減少傾向にあったカステルノーヴォの人口も、02年からはほぼ安定。日本と同じ少子化のイタリアで、人口減少を食い止めた要因の一つは、外国からの移民だった。

「ありがたいことに、最近は、この町に来れば老人介護の仕事があることが口コミで広がり、ウクライナからの移民が増えました。現在、町の人口の7～8%は、ウクライナ、マグレブ、アルバニア、ルーマニアなどからの移民たちです。彼らの就職先は、布地や金属加工、養鶏場、トンネルなどのインフラ整備です」

仕事を求めてやってくる移民たちに、枕詞《まくらことば》のように「ありがたいことに」という表現を付けるのも、リベラルな気風で知られるこの地域の左寄りの政治家らしかった。

異文化で育った人に偏見を持つより、社会を支えてくれる新住民のことをもっと理解する教育を進める方が得策である。

しかし、どうして若者たちが山間地の田舎町から減らないのだろう。

「高校までは地元にあるし、美容や語学、農業の専門学校もある。進学する子も、レッジョ・エミリア、ボローニャ、パルマの大学ならば40〜50㎞の距離で、ほとんどの学生が高速バスで通っていますよ」

若者たちが町に居つくために大切なのは、医療や教育以上に、文化的刺激なのだと町長はいう。町には、大きな競技場が4つ、小ぶりなものが2つ、6月にはスポーツの祭典を催す。1000人を収容するビスマントヴァ劇場では、旅行者の多い夏場、一月半《ひとつき》にわたってクラシックやジャズのコンサートが聴ける。また普段は、モノクロの名画も含めて、週に一度、月に5本の映画が上映される。広場や通りではダンスパーティや骨董市、郷土料理の食事会などが開催される。

また、スローシティではどこでも開催しているが、毎年、フェリーナ集落で「スロー祭り」を行う。この2日間は郷土料理や名産品、工芸品などの市が立つ。今は、シーズンオフを盛り上げるために、秋の収穫祭、クリスマス、復活祭にも食のツアーを仕掛けている。

そして、医療、教育、文化を相互に結びつけている大切なものが、町に渦巻くボランティア活動だ。

ある時、旧市街の一角に町が作ったボランティア団体の交流の場に顔を出した。そこで、町には50~60のボランティア団体があるのだと教えられた。20近いスポーツ関連クラブは、「純然たる娯楽」という理由でその数に加えられていない。その事務所にはあえて仕切りを作らず、団体同士が協力し合える場作りがなされていた。

それらのボランティア団体が、障害を持つ家族のケア、独居老人のケア、移民の相談所、子供の食育、小児ガンや糖尿病患者のケア、祭りやコンサートや市場の企画、読み聞かせの会、映画の上映会、演劇などを行っていた。2~3の団体をかけもちする役場の職員たちもいた。

このボランティア団体の交流から生まれたプロジェクトの一つが、ゴミの分別ステーションの建設だった。09年に実現し、鉄、家電、紙、ポリエチレン、ポリプロピレン、木材、ガラス、廃油などを分別し、リサイクルできるようになった。また、家庭の生ゴミの6割の堆肥化にも成功した。分別ステーションの屋根、そして体育館と小学校にもソーラーパネルを設置した。

町にはメタンガスの給油所もある。今後は、スローシティの代表として築いた世界的なネットワークを通じて、大企業に広告を兼ねた投資を呼びかけながら、エネルギー対策を進めていく予定だ。

09年には、5つのボランティア団体が協力して、子供たちの食育を始めた。小学校と中学校の生徒が、毎週火曜日、農家に教わりながら年間を通じていろいろな野菜を育てる。そのための土地は、役場が買い上げた。さらに中学1、2年の生徒50人は、トリノで開かれる世界の生産者の集会「テッラ・マードレ」に参加し、自分たちで収穫した野菜を販売し、売上金で翌年の種を買った。

地元に戻った子供たちは、両親たちを招待し、自分たちで育てた作物でほうれん草のリゾット、トマトのピッツァ、7種のハーブのペンネ、チョコレートタルト、焼きりんごを振舞い、両親たちを感激させたそうだ。

＊新しい働き方を模索する社会的協同組合

本章の冒頭で、この町には派手な見せ場がないと書いたが、皆無というわけではない。

それは、町が近づいてくると目に飛び込んでくるビスマントヴァの大岩である。

斜めにスパッと切られたような姿のこの岩は、ロッククライマーの間ではちょっと知られた岩壁なのだという。

しかもフィレンツェを追われた後のダンテがここに登り、『神曲』の煉獄山のモデルにしたのではないかと言われている。

煉獄山は、地獄と天国の間にある、魂を浄化するために登る険しい岩山のことだ。『神曲』

の中でダンテは、いざ登ろうと煉獄山を見上げたが、あまりに鋭く切り立っていて足がすくむ。そこで四つん這《ば》いになってやっとのことで登っていくと、次第に「高慢」や「大食」など、7つの罪を象徴した7つの「P」の文字が、額から消えていくのである。

私も、詩聖にあやかって一度は大岩に登ってみようと、水俣の面々を道連れに、その麓《ふもと》の『ジネストラ』という農家民宿に宿泊した。ジネストラとは、イタリアの春を山吹色に彩るエニシダのことだ。

夜道をさんざん迷って何とか到着した時には、すっかり8時をまわっていたが、主人はいやな顔一つせずに料理を運んでくれた。ここなら家庭でしか食べられない郷土料理を味わえると、町長が教えてくれた質素な宿だった。

パルマの生ハムとサラミの盛り合わせとともに供されたのは、エルバッゾーネという郷土料理だった。地域限定の方言では、スカルパッソンとなり、ややこしい。茹《ゆ》でたスイスチャード（不断草）やほうれん草の微塵《みじん》切《ぎ》りを、ミルクで煮た米と和《あ》え、パルミジャーノチーズも加え、素朴なパイ状に仕上げたものだ。レッジャーノ地方の代表的な郷土料理だが、米を使うのはこの山の地域だけだという。

スカルパッソンが主食かと思いきや、ほうれん草とリコッタチーズのラビオリも出た。これも自家製でおいしかった。さらにウサギと豚肉のグリル、自家製のポテトフライが運ばれ、

ラビオリを作る『ジネストラ』のおばあさんたち

お腹いっぱいになったところに葡萄のタルトが出た。旅の疲れか、わずかなワインですっかり酔っ払った。

翌朝、目を覚ますと、ビスマントヴァの大岩が間近に迫っていた。宿の周りには、大木が聳え、森では小鳥がさえずり、道を仔鹿が逃げていく。日本と比べてどこか乾いていた風景が、朝霧にしっとりと覆われ、息を吹き返したようだった。宿の厨房では、おばあさんたちがせっせとラビオリを作っていた。

この『ジネストラ』という民宿、実は20年前、心身に障害を持つ若者たちの社会参加の場を増やすために作られた組合が運営していて、今もそういう若者たちが畑を手伝っているという。このエミリア・ロマーニャ州やロンバルディア州に多い社会的協同組合である。

社会的協同組合は、78年、トリエステでの精神病院閉鎖の運動と同時に、病院の医師らと地域社会の協力によって心の病を抱える人々の雇用の場を創ろうという動きに端を発するといわれる。心身に障害を持つ人々と、これを支えるボランティアからなる組合は、80年代のイタリアで大きく成長し、ヨーロッパ中へ広がった。

ちなみに、マルコーニ町長も、立ち上げ時からの組合員だ。

朝食を終えると、さっそくビスマントヴァの大岩にやってきた。麓には聖ベネディクト修道院の小さな礼拝堂があった。

見上げた大岩は、まさに煉獄篇の描写そのままである。あまりの崖の垂直ぶりに、連れの半分が下で休むと即決したが、早朝からジョギングをしてきた男2人と好奇心の強い女2人、高いところが嫌いではない4人が、せっかくだから登ろうということになった。

急な階段を登っていくと、やがて山道に出る。

そこで頭上に何かの気配を感じて見上げると、ほぼ垂直な岩場をロープ一本を頼りによじ登る男たちの姿が目に入った。ロッククライマーの聖地というのは本当だった。ところが登山道はというと、これがとんだ見かけ倒しで、螺旋状《らせんじょう》の緩やかな坂を40分も登ると、あっという間に頂上に着いた。

険しく見えたのは、どうやら岩山の形状が生み出す目の錯覚らしい。頂も乾いた石がごろごろしているのかと思えば、緑が豊富だった。ほどよく汗もかき、すっかり上機嫌で岩壁から下を覗くと、そこは足のすくむような壮絶な断崖だった。

つくづく不思議な岩だった。ダンテは、頂上でベアトリーチェの魂に再会したが、我々には、せいせいするような蒼いアペニン山脈の絶景が待っていた。

＊パルミジャーノのおいしさが、そのまま美しい風景である

この町の名産の中で、日本人に最も知られているのはパルミジャーノ・レジャーノだろう。この小さな町に、まだ7軒のチーズ工場が残っていたが、中でも一番大きな『フォルナッチョーネ』工場を覗いた。直売所で買い物をするためだった。

ダルマ落としのようにフォルマが積み上がる『フォルナッチョーネ』工場

熟成庫には、フォルマと呼ばれる38～41kgもある円柱状のチーズのお化けが、ダルマ落としのように高い天井まで連なっていた。その塊を型に入れてぎゅっと搾り、塩水から上げるのはすべて手作業。ものがものだけに、働いているのは筋骨隆々の屈強な男たちばかりだった。しかし、ダルマ落としの間では、誰が発明したものか一台のマシーンが、両腕を伸ばしてはチーズの塊をひっくり返し、表面のカビをしゅるしゅるとあっという間に掃除し、また棚に戻すという作業を健気《けなげ》に繰り返していた。

この工場では、年間約2万4000個のパルミジャーノチーズ（フォルマ）が作られる。

約30kgの塊に約500リットルもの牛乳を要する。しかも最低12カ月は熟成させるのだから、値段が高いのも無理からぬことだ。塩と牛の胃袋の酵素だけで、ここまで旨みを引き出した先人の知恵には頭が下がる。何でも13世紀に修道士が、毎日搾る牛乳を、何とか長く保存できないものかと試行錯誤の果てにパルミジャーノの原型を創り出した頃は、8kgほどだったという。それが16世紀には今の大きさになり、ヴェネツィア共和国では、もっぱらコンスタンチノープルのスルタンへの土産として珍重されたのだという。現在、イタリア国内のパルミジャーノチーズ工場の数は、約350軒である。

この工場で、ちょっと嬉しい話を聞いた。

「実は、フランスやチリでもパルミジャーノチーズを作ろうとしたけど、どうしても同じ味にならなかったそうだ。牛の食べる餌の風味、微妙な湿度、寝かせる温度、それにバクテリアなんだね。やっぱりこういうものは、その土地の風土が育てるんだ」

大量生産で均質な味が増える中、風土の生む味こそが年々、希少になっていた。

売店で、17カ月もの、25カ月ものという長期熟成したものも味見させてもらった。

「どれだけ寝かせても食べられるものですか?」と訊くと、最近では14年ものという化け物のようなパルミジャーノが見本市で話題になったのだと教えてくれた。

ちょうど牛乳を運んできた農家の人に話を聞くと、やはり農家は牛乳の安値による後継者不足を抱えていて、組合の今後の大きな課題なのだという。

「そもそもこの工場だって、大手が進出してくる中で競争力をつけようと、僕らの父親世代の小さな農家が出資し合って造ったものなんだけどね」

このチーズ工場もまた、組合員30人の生産協同組合だった。

イタリアでは、EUの取り決めで、ドイツの牛乳をかなりの量、引き受けなければならないしがらみがある。そのため乳価が下がり、国内の酪農家は四苦八苦していた。いずこも同じだった。

ちなみに、このチーズ工場の熟成庫でも、町は「ミルキーウェイ・コンサート」と題したクラシックの演奏会を毎年、催していた。

こうしたイベントを通じて、子供たちは自分たちの故郷に文化の香りを嗅《か》ぎながら、育っていくのだろう。

初めて町を訪れた時、アペニン山脈の国立公園の所長が、食堂の窓から見える丘の景色を指さして、こう言った。

「ほら、あそこに少し濃い緑の層があって、手前にはやや明るい緑の牧草がある。奥は山羊を放牧している場所で、手前の牧草は牛の餌だ。こんな牧草地の緑のグラデーションと山の植物の花々、山の稜線とが織りなす、その風景が美しいんだ」

この時、所長が美しいと呼んだのは、鬱蒼とした原生林ではない。大昔から人がそこで暮らし、手をかけてきた風景だった。それは決して見せかけだけの美ではなく、人が、自然の声に耳を傾けつつ、そこで暮らしながら紡いできた美しさだった。

決して過去の遺産に胡坐《あぐら》をかいているだけではない。無残な伐採を受けた周囲の森は、今もこつこつと植林が続けられていた。美しい旧市街や城壁跡が道路で壊されても、決して諦めなかった。その上で、美しい農村風景について町の人に考えてもらうために、あの派手な爆破イベントを行ったのである。

「スローシティとは、あなたにとって何ですか？」

そう訊ねた時、マルコーニ町長は言った。

「経済的発展を否定することなく、スローフードの哲学を、市民の日常生活にまで浸透させていくこと。スローフードの哲学、それは自分たちの暮らしが、母なる大地とつながっているという感覚です。そうした感覚を取り戻し、日常生活や職場の環境、福祉といったものにまで浸透させていくことです」

それから町長は、こう言い直した。

「端的に言うならば、このパルミジャーノのおいしさが、そのまま、この町の美しい風景なのです」

自分たちの暮らす町の大地、その土が健やかならば、その牧草を食べた牛のチーズの風味もまた格別である。その暮らしの場は、心に響く美しさを獲得するはずだ。放牧牛のチーズの風味は、風景の美しさと環境の良さが一体であることのわかりやすい例でもある。

だが、グローバル経済の中では、地元の風景は地元の名産からどんどん遊離していく。こういう時代に、地元の名産のおいしさが、そのまま地元の美しい風景だと胸を張って言える町は、それだけで稀有《けう》であり、幸いなのである。

6章

絶景の避暑地に生気をもたらすものづくりの心

カンパーニャ州

ポジターノ

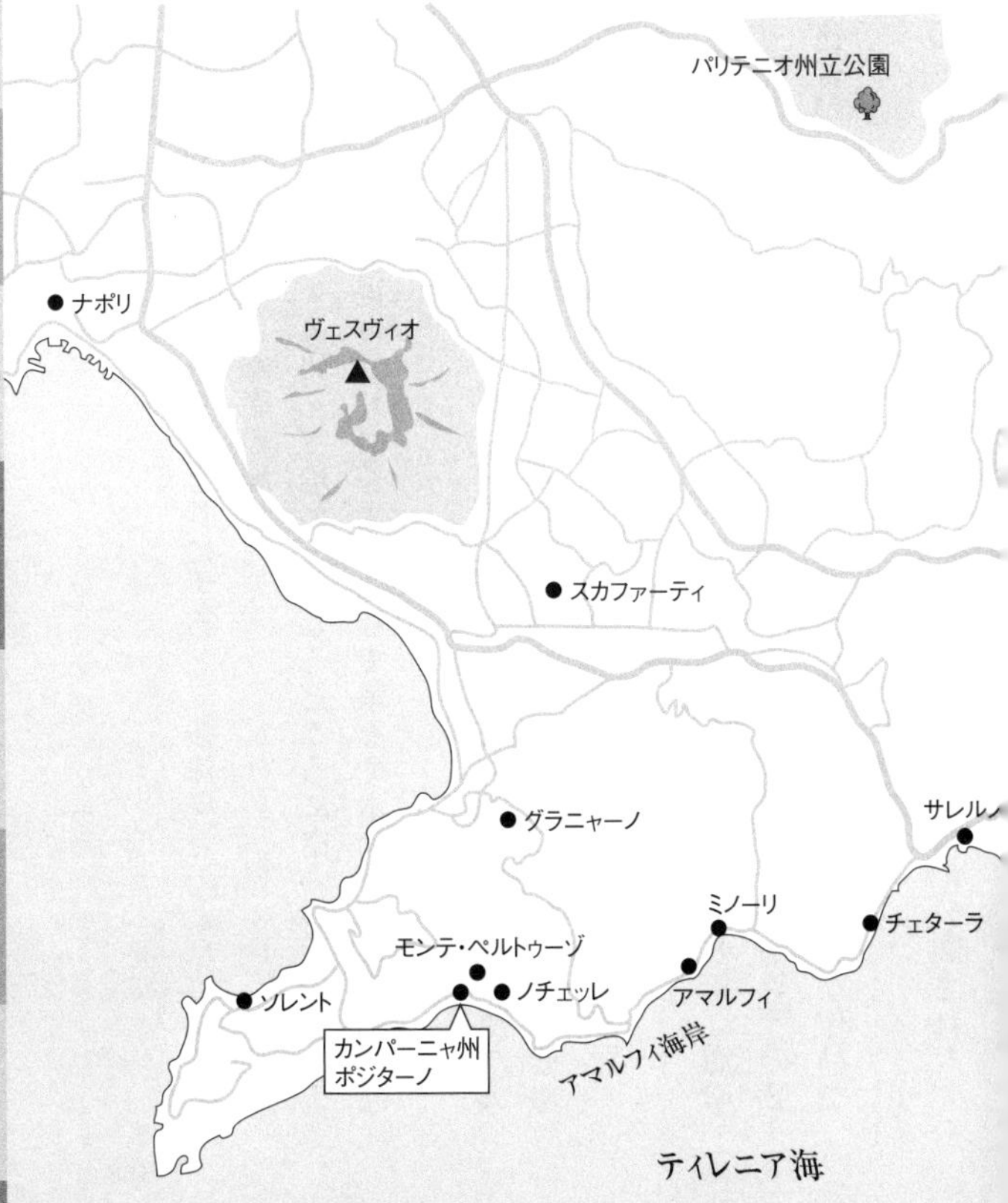

＊なぜこの町がスローシティに？

イタリアの中でもっとも美しい避暑地という言葉を耳にすると、条件反射のように脳裏に浮かぶのが、南部カンパーニャ州アマルフィ海岸の風景だ。

海岸の間際まで断崖が迫るリアス式の入り組んだ地形、ところどころに白い砂浜や岩の入り江が隠れるようにしてあり、急な斜面にへばりつくようにして家々やホテルが並ぶ小さな町が点在している。

こと晴れた日には、凪《な》いだティレニア海と空の深い青に、断崖に造られた家々のパステルカラー、段々畑のレモンの黄、オリーブや樫のつややかな緑が、光を拡散させている。そんな風景の中に立てば、長年、溜め込んでいたこもごもの心の滓《おり》もすっと溶けていくようだ。

アマルフィ海岸は、戦後、何度も映画の舞台になった。

たとえば、『無防備都市』で知られるロベルト・ロッセリーニ監督は、１９４８年、海岸線で最も大きな町アマルフィがよほど気に入ったのか、『殺人カメラ』と『アモーレ』の２作を撮影した。ちなみに後者は、若い頃のフェリーニも役者として出演した、希少な作品である。

それにも増して、アマルフィ海岸の美しさを世界に知らしめたのは、60年に公開された、アラン・ドロン主演のミステリー映画『太陽がいっぱい』だろう。

近年も、映画の出来栄えはさておき、マリサ・トメイ主演の『オンリー・ユー』、マット・デイモン主演の『リプリー』（『太陽がいっぱい』と同じ原作を映画化）、ダイアン・レイン主演の『トスカーナの休日』などがある。ハリウッドはアマルフィ海岸にご執心らしい。

ところが、せっかくアマルフィ海岸のことを勧めても、足を運んでくれる人は少ない。それは、鉄道が通っていないからである。

アマルフィ海岸とは、ソレントからサレルノまでの約50㎞にわたる海岸線のことで、そこにアマルフィ、ポジターノ、ラパッロ、ミノーリ、チェターラといった小さな町が点在している。

複雑に入り組んだリアス式の海岸で、しかも絶壁ときているから、線路なんてそう簡単に通せない。個人旅行ならば、ソレントかサレルノから長距離バスに乗るしかない。空港からレンタカーで挑むという方法もあるが、曲がりくねった二車線の海岸道路は、腕に自信がないとちょっと怯《ひる》むらしい。思い切ってナポリから船という手もあるが、億劫がる人が多い。

その上、ナポリの南というだけで、治安が悪いと思い込まれている。近頃も『ゴモラ』という映画（2008年、マテオ・ガッローネ監督）が公開され、ナポリのやくざであるカモッラが、麻薬だけでなく、産業廃棄物の不法処理からモーダの世界まで、派手な立ちまわりをしている実態が広く知られるようになった。一時は、町中に放置される家庭ゴミが、連日、ワイドショーでも報道されたせいか、「ゴミは、もう片付いたの?」などと、何年過ぎても訊かれる。

しかし、あにはからんや、アマルフィ海岸は、イタリア国内でもとりたてて治安のよい地域なのだ。町が小さく、地形が入り組んでいることで、離島のような共同体意識がある。都市のような緊張感もなく、暖かい季節には深夜を過ぎても観光客が散歩をしている。

しかも、そんな地形なのに、たとえばアマルフィには、町の大きさには不釣り合いなほどの大階段をそなえた、輝くモザイクの大聖堂がある。ポジターノやミノーリのモザイクのキューポラを持つ聖堂も、迷路のような町の造りも、どこかイスラム的である。

今となっては、交通の便の悪いところになぜこれほどの歴史遺産が、と不思議に思うが、これらは、中世初期、アマルフィ王国として海洋貿易によって栄え、ジェノヴァやヴェネチアと地中海の覇権を争った時代の遺産なのである。

さて、そのアマルフィ海岸の中で、『太陽がいっぱい』の著者パトリシア・ハイスミスが宿泊した記録が残っているのが、ポジターノである。まだ無名だったハイスミスは、一人旅で訪れたホテルのベランダから、海岸で観光客の女たちに取り入ろうとするジゴロたちをじっと観察していた。その結果生まれたのが、リプリーという天才的詐欺師だった。そのハイスミスをここへ誘《いざな》ったのは、あるノーベル賞作家の短い紀行文だった。今でこそ、ポジターノの円錐形の崖にそって立つ町並みは、観光協会のポスターにもなっている。しかし、これを世界的な観光地に押し上げたのは、1953年、イタリアの文豪モラヴィアに勧められて、何の予備知識もなくふらりとこの町にやってきたジョン・スタインベックだった。

ポジターノは、深く心に突き刺さる。それは、そこにいる時にはまるで夢の中にでもいるようで、そこを離れた後からより鮮明さを増していく。狭い階段だけが刻まれた急勾配に家々が張りついている。私は、どこでも家の基礎というものは水平だと信じていたが、ポジターノでは、垂直なのである。

(原文では、雑誌の印刷ミスか、当人のうっかりミスか、水平と垂直が逆になっている。『ハーパーズ・バザール』米国のファッション誌、1953年3月号より)

今やポジターノは、政治家や著名人がお忍びでやってくるような『イル・サン・ピエトロ』や『レ・シレヌーセ』といった5つ星ホテルが4軒、4つ星だけでも8軒もある一大避

ポジターノの町並み

暑地となった。夏ともなれば、高級ホテルのプールサイドからは生演奏の音が鳴り響き、海岸沿いのレストランではほろ酔い加減の観光客たちが夜更けまではしゃぎ、典型的な避暑地の様相を帯びる。

そのため、口の悪い人からは、〝アマルフィ海岸の中で最も観光化された町〟あるいは、〝観光ずれした町〟などと言われるようになってしまった。

ところが、そんな華やかな避暑地が、スローシティに加盟しているのだ。しかも99年、パオロ・サトゥルニーニ町長の声がけで、トスカーナ州のグレーヴェ・イン・キアンティに集まった3つの町というのが、ウンブリア州のオルヴィエート、ロンバルディア州のブラ、それにこのポジターノだった。

表玄関から漫然と観光にやってきただけでは見えない、スローな横顔を隠しているというのだろうか？

＊世界の避暑地が抱える問題

生憎《あいにく》、その日は、復活祭の翌日だった。

この日のことをイタリア人は、〝パスクエッタ〟と呼び、家族でピクニックにいく習わしがある。要するに、まだ働かない日だ。

サレルノ駅前のバス停で、アマルフィ行きのバスに乗ろうとするが、待てど暮らせど来ない。怪しげな車のお兄さんにからかわれてカッカしていると、2時間たってやっと来た。謝る気配すらない運転手によれば、海岸を走る狭い国道163号線が混雑し、ちっとも動かなかったのだという。そんなわけで平素の倍、1時間半かかってアマルフィに着き、すぐさま別のバスに乗り換え、40分ほどでようやくポジターノに着いた。

数日前、ダメもとで役場に連絡をすると、相手はひどく戸惑っていた。その日が復活祭明けというだけでなく、2010年のこの春、新しい町長が選ばれてまだ一月《ひとつき》目だった。スローシティに熱心だった前町長は中道左派だったが、経済危機の煽りを受けてか、威勢のいい中道右派の町長になった。

「けれども、スローシティ連合から抜ける気は毛頭ないですよ」と、やはりほやほやの副町長フランチェスコ・フスコが言う。彼が、町の広報のラファエッロと2人で案内してくれることになった。

山の斜面に建てられた迷路のような役場の廊下にはダンボール箱が散乱し、いかにも引き

フランチェスコ・フスコ副町長（左）と広報のラファエッロ

継ぎの途中という慌ただしい雰囲気が漂っていた。

フランチェスコは物静かな人だったが、次の一言で、派手な観光地ポジターノのイメージを払拭《ふっしょく》してくれた。

「アマルフィの町も、２００３年からスローシティに加盟していますが、あの町は人口２万人なのに対して、ここは住民３９８４人の小さな村です。観光地としては、とても知られていますが、それだけに依存し過ぎている構造も問題で、経済危機になってからはイタリア人も外国人も観光客の数が減っています。そのせいで、08年以後は外国に移住する人も出てきているのが現状です」

スタインベック以前、この村に魅《み》せられたのは、サレルノから上陸した進駐軍のアメリカ兵たちだった。彼らはこの海岸の美しさに打たれ、帰国してもさかんに話題にし、戦後は大勢が家族を連れて遊びにきたという。老舗のホテルには、その頃に創業したものが少なくなかった。

「今、いったい、どのくらいのホテルがあるのですか？」

「この数年で10軒以上できたＢ＆Ｂなども加えれば、90軒くらいです」

人口4000人に満たない村にしては、かなり多かった。

＊在来のレモンから生まれた新しいつながり

最初にフランチェスコたちが車で連れていってくれたのは、展望台だった。観光客たちが、海岸沿いの町並みをカメラに収めようと身を乗り出していた。しかし、そこでフランチェスコは、くるりと踵を返し、町の背中側をごらんなさいという。

「アマルフィ海岸にやってくる人は、大抵は、高台のホテルに泊まって、海を眺めて過ごすか、そうでなければプライベートビーチのあるホテルに滞在するので、町の全体像がどうしても見えない。けれどもポジターノの半分は、山なのです。ポジターノは海辺の町であると同時に中山間地なのです。だから、高齢化や過疎化といった中山間地が抱える深刻な問題を、同じように抱えているのです」

それを聞いて、数年前、アマルフィのレモン農家を訪れた時のことが鮮やかに蘇った。それは、町の背中の急傾斜に造られたレモンの段々畑だった。

アマルフィ海岸では、年間を通じて何種類ものレモンを栽培している。中には、古代ローマから続く品種ではないかといわれるスフザートという在来種もあり、おそらく11世紀頃には栽培が始まっていたという。農家の主人によれば、岩ばかりの畑に船で表土を運んで、今の姿にまで段々畑を改良したのは、19世紀の内陸からの開拓団だったという。ところが近年、貿易の自由化によってスペインや、国内でも量産できるシチリアから安いレモンが入るようになると価格競争に敗れ、農家は深刻な後継者問題を抱えていた。

風土が生んだものづくりを顧みないことは、町の経済そのものを脅かしかねない。

97年、アマルフィ海岸は、人が暮らす町の姿が美しいということで世界遺産に登録され、高級避暑地としての人気は、ますます高まった。ところが、冷静に考えてみれば、その景観を底から支えているのは、高級ホテルや海辺のレストランよりも、むしろ段々畑の農家だった。もし、効率が悪い、儲からないという理由で、彼らがレモンの栽培を止《や》めてしまえば、その段々畑は荒れ、土壌流出やがけ崩れといった深刻な被害にもつながりかねない。

そこで02年、海岸線に点在する農家が組合を作り、その価値を高める活動をようやく始めた。

在来のレモンを真ん中にして、これまで話をすることもなかった農家や観光協会の若者、ホテル協会の旦那衆、商工会のおばさん、小学校の先生が出会った。食べ物には、肩書きも立場もまるで違う人たちをいとも簡単につなげる不思議な力がある。たかが食べ物、されど食べ物だった。ホテルやレストランも、地元のレモンを使ったレシピを練り、土産物屋やカフェも、レモンを使ったコスメやケーキの開発に力を注いだ。

観光客が必ず足を運ぶこの展望台の売店にも、レモン、オレンジ、トマト、唐辛子がまるで抽象画のように並んでいた。おばさんが、大きくて細長い在来のレモンを切って味見しろと差し出す。ちっとも酸っぱくなく、果汁が豊かで香りがとても良かった。

フランチェスコに促されるまま、正面の小さなキオスクに入ると、棚に名産品のリモンチェッロの瓶が並んでいた。レモンの皮をアルコールと氷砂糖につけ込み、砂糖を加えた食後酒だ。これもレモンの生産組合が農家の赤字を解消するために生み出した、いわば〃六次産業化〃の好例だった。六次産業化とは、第一次産業である農家や漁師が加工や販売にまで関わることで、その経営を成り立たせようという発想だ。農業経済学者の今村奈良臣氏の造語である。

「海外にも大量に輸出されるような大手のリモンチェッロと、こういう地元の手作りのものは、風味がまるで違うんです」

フランチェスコがそう言うので、素人《しろうと》にも見分けようがあるのかと訊いた。

「これを見てください。まちがいなく地元で作っているものです。まず、リモンチェッロの色が、大手のものみたいに妙に透明じゃない。不透明で黄色みが強く、よく見ると瓶ごとに微妙なムラもある。首のところには、少しオリが溜まっている。知らない人は、これを傷んでいると思って嫌がるけど、これこそ手作りの証拠なんです」

それからフランチェスコが、「はい、これはお土産」とキオスクの棚から無造作に一本とって私に渡そうとする。いくら副町長でも、そりゃ横暴だと目を白黒させていると、売店のおばさんがにっこり笑った。

「この店は母の店なんです。紹介が遅れたけれど、僕のマンマだよ」

こうして富豪が集まる派手な避暑地は、温かで庶民的な村へとすっかり変貌を遂げたのだった。

*スローな観光の見せ場は、中山間地にある

町全体を見れば、1921年に1710人だったポジターノの人口は、2010年時点で3984人だから、やはり観光化によって人を集めてきたといえる。

しかし、フランチェスコは言う。

「山間地の集落だけを見れば、09年には子供がわずか33人でした。ただ、誤解しないでください。私は、この山の地域が、ポジターノのお荷物だなんて言っているわけじゃないのです。この山の集落こそが、スローな観光の本当の魅力だと言いたいのです。これらの集落は、20年前までは、車が通れるアスファルトの道路さえなかったので、ほぼ孤立していました。自給自足の暮らしだったので、お年寄りは、今でも小さな菜園を大事にしています。ポジター

ノへは、船やトラックで食料品や日用品が毎日届きますが、外から来た人に地元のものを味わってほしいと思えば、むしろこれらの集落に点在する食堂の方が、とても魅力的なのです」

そうして、モンテ・ペルトゥーゾという住人800人の集落に案内してくれた。海岸からは約3㎞で、長い階段の道を歩いて登る人も少なくないという。モンテ・ペルトゥーゾ（孔《あな》あき山）という名は、丸い大穴が断崖に開いた標高510mの山のことを、古代ローマ人がそう呼んだのが由来らしい。

急な段々畑にオリーブや野菜が少しずつ植わっているが、よく見ると、ところどころ荒れている。高級ホテルが並ぶ海岸沿いとは、かなり趣《おもむき》の違う光景だった。

この集落に、『イル・リトローヴォ』というレストランがある。ポジターノで最も人気のあるレストランだそうだが、復活祭の翌日のせいか、まだ暇そうだった。天井からはドライトマトがたくさんぶら下がっていた。

主人のサルヴァトーレから、「日本の映画『アマルフィ　女神の報酬』（2009年）のおかげで、日本人客も増えました」と開口一番、お礼を言われた。

よく冷えた白ワインで、片口イワシや小海老のマリネ、パエリアをいただいた。

「新鮮な野菜は、母が畑で作っているし、地元の人からも買える。けれど、海岸の町なのに

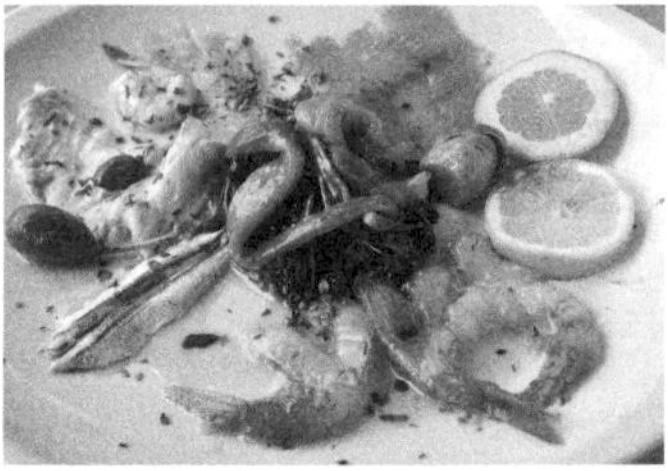
『イル・リトローヴォ』の片口イワシや小海老のマリネ

漁師は今やほとんどいない。できるだけ、地元の素材を使うようにはしているけれど、どうしても魚は半分以上、遠くから運ばれてくるものに頼らざるを得ないのが現状だな」

サルヴァトーレは、少し憂鬱げにつぶやき、それから何か思いついたような顔をして、「食後のリキュールを飲まないか」とたくさんの小瓶をテーブルに並べた。

リモンチェッロに、リコリス、胡桃《くるみ》、フェンネル、アザミ、ミルトという珍しい地中海の実のリキュール。チョコレートに似た独特の香りのいなご豆のリキュールは、「ジェラートによく合うんだ」とアイスクリームにかけてくれた。

すべて自家製。ナポリの南部では、こうした自家製の薬草リキュールを、その日の体調に合わせていただく習慣があるそうだ。

テラスで海を見下ろしながら贅沢な午後を過ごしていると、サルヴァトーレの弟、パオロがやってきた。彼は、ポジターノの山歩きのガイドだという。

「今日は先客が入っているから残念ながら案内できないけれど、次に来る時には、隣の集落のノチェッレに〝神々の散歩道〟という、すばらしい遊歩道があるから、ぜひ歩こうね。その上のラッターリ山脈までトレッキングすることもできるから」

本格的な山歩きができる山間地なのだと、ますます認識を新たにした。

ラッターリ山脈は、1000m級の山々が連なるソレント半島の尾根で、かつては酪農も盛んだったことから、希少なチーズを味わえる村が点在しているそうだ。

食事を終えると、サルヴァトーレたちはそのノチェッレに連れていってくれた。海岸から2km、標高400mにある人口120人の集落だ。そこにある『サンタ・クローチェ』という素敵なレストランの窓からは、ポジターノの町並みとアマルフィ海岸の入り組んだ海岸線が一望に見渡せた。日暮れ時、恋人とこんなところで食事をしたら、一生別れられなくなってしまうのではないかと思うような絶景だった。


それにしても、なぜこんな標高の高い傾斜地に、人はあえて住んだのだろうか？

ポジターノが、歴史上にはっきりと登場するのは916年のこと。サラセン人が、ギリシャ神殿が残るパエストゥム（同じカンパーニャ州に残る紀元前550年頃のポセイドン神殿跡。世界遺産でもある）を襲撃した時、そこからの難民たちが逃げ落ちた町だとされている。

当時、ここには東方の修道士たちが修道院を築いていた。修道士たちに迎え入れられた難民たちが最初に暮らし始めたのは、沿岸部ではなく、モンテ・ペルトゥーゾやノチェッレの集落だった。高台であればあるほど、外敵の襲撃を思えば安心だったのだ。

ラファエッロは、最近、このノチェッレでレジデンスを始めたという。レジデンスは、台所も付いた滞在型の宿で、一般にホテルよりも割安である。

「近頃の個人旅行の人には、この村の安い宿に泊まって毎朝、海岸まで階段を下って登る人も少なくないんだよ。その方が夜も静かに眠れるからね」

路上には「ここからポジターノまで階段１７００段」という看板が立っていた。

ラファエッロの本業は、海岸を見下ろす４つ星ホテル『エデン・ロック』の経営だが、レジデンスの方は、家族で１週間でも滞在できる価格なのだという。

「とにかく、この町に何泊かしてほしいんです。大型バスでやってきて、団体で昼食をとって、ばたばたと買い物をして、海岸通りをちらっと見て小一時間したらもう次の町へ急ぐ、そんなせわしない観光では、ポジターノはもったいない。せめて3泊はして、山の小道を散策したり、海で遊んだり、本当においしいものを食べたり、のんびり過ごすスローな観光を提案したいんです。何にもしない真の意味での休暇を満喫できる町だってことを、もっと知ってほしいと思ってます」

フランチェスコにも同じことを言われた。

「近頃、個人旅行が増えてきたのはうれしいのですが、日本人の旅行者には、まだまだ忙しい団体旅行の人が多いんですよ」

休みまで忙しい日本人の弾丸のような団体旅行は、今でも有名だった。

「それもいいのですが、せめて2〜3日滞在して、のんびり町の良さを味わってほしい。もっとスローな旅です」

忘れられない特別な旅を提案しようと、役場が目下、力を注ぐのが結婚式だった。

「実は、役場で外国人も結婚式が挙げられるのです」

ラファエッロが補足した。

そこで役場に戻り、会場を見せてもらうと、この上なくシンプルな造りだった。役場の最上階にある会議室を兼ねていそうな部屋、それと隣接するテーブルの置かれた広いバルコニーだけ。

ただ、そこからは、晴れた日ならばパステルカラーの町並みと地中海とが見渡せる。ここで式を挙げれば、イスラム圏以外なら、どの国でも正式に婚姻したことが認められるという。もしカトリック教会で結婚式を挙げるなら、カトリック教徒でなければ、何度か教会に足を運んでガイダンスを受けなければならないが、役場ならその必要もなく、パスポート程度の身分証明書だけでいい。

長年、挙式を担当してきた役場の女性は、記録帳を広げながら言った。

「これまでもオファーがあれば、外国人の結婚式を時々やっていたの。けれども本格的にやり始めたのは2006年からよ」

ほとんど宣伝していないが、式を挙げたカップルや招待客から口コミで広がり、年間の挙式数は、何と約150組。とんだ結婚役場だ。英国、アイルランド、アメリカと、アングロサクソン系が圧倒的に多く、近頃は日本人も年に3〜4組あるそうだ。式は30分ほどで済み、お手軽といぅだけあって、費用は、平日ならば400ユーロ。ただし、役場が休みの火・水・金の午後は、わざわざ出向くことになるので600ユーロに上がる。ムードを大切にしたい人には、ドリンクやおつまみ、キャンドル・ライトに花なども付く、土曜の晩の1500ユーロのコースもある。

「式の後は、みんな海岸や高台の村のレストランを予約してあるわね。オープンテラスで海を眺めながら、ゆっくり食事会を楽しむ。その後は、思い思いに散歩を楽しむ。参加者たちも、だいたい数日は滞在していくわね」

親族でも、親友でも、心の底から祝福したい人でなければ、はるばるこんな遠方まで結婚式につき合わないだろう。そう考えれば、心に残る挙式になることはまちがいない。少なくとも、こんな美しい町で記念写真でも撮っておけば、その後の喧嘩の回数も減ろうというものだ。まあ、もっと手近な日本の山村や温泉町でもいいのだが……。

「観光史跡を駆け足でめぐり、あれもこれも詰めこんで、何だか疲れる忙しい旅から、また行きたくなるスローな旅へ」

彼らはこう繰り返した。

レモンの生産組合では、昨今、レモンツアーなるものを仕掛けているそうだ。

地元でしか味わえない食の旅、自然を満喫する旅、それだけでなく、大事な家族の記念日に忘れられない旅をしてみませんか、という提案を役場がするなんて、なかなか強《したた》かではないか。

*100%イタリア産の麻シャツと知られざるものづくりの町

「ポジターノのスローシティとしての最大の課題は、実は、ものづくりの町としての活動をいかに支えて、世界にアピールしていくかなんです」

午後に案内されたのは、〝ものづくり〟という知られざるポジターノの横顔だった。それにしても、こんな華やかなリゾート地がものづくりの町だなんて、誰が想像しただろう。

「そう思うだろうけど、この町には、服飾関係の縫製会社が、まだ50軒ほど残っていて、その小さな産業が、仕立てなど周辺の村々の職人たちの暮らしも支えている。店に並んでいるのはごく一部で、生産の7割近くは、直接、町の外へ出荷しているのです」

化学繊維が台頭して久しいが、イタリア人には、天然素材の風合いにこだわりを持つ人がまだまだ多い。海辺の避暑地には、麻や絹を使ったリゾートファッションの店がよく並んでいる。だから、ポジターノにそうした店が多いとしても、当たり前だと気にもとめなかった。ところが、フランチェスコによると、小さな縫製工場が奥にあるような家族経営の店が、ポジターノには今でも7軒ほどあるという。

驚きは、それだけではなかった。

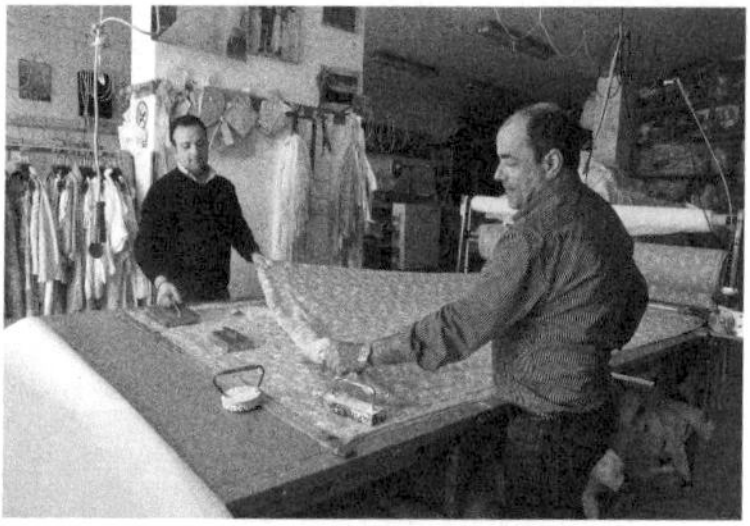

『マストロ・モーダ』の縫製工場

「今やかなりの店は、麻や綿に関して中国やインドで作られた安い素材を使っているのですが、中には、素材までもイタリア産にこだわっている店もあるのです」

そう言って連れて行ってくれた最初の店は、『マストロ・モーダ』という麻素材を専門に扱っている店だった。

1980年創業、ポジターノにも3店舗を展開しているが、やはり、イタリア全土の小売店に卸していた。3軒の中でも少し不便な場所にある店は、二階に上がると小さな縫製工場になっていて、おばちゃんたちが黙々とミシンを踏み、男たちは布を広げて何やら相談していた。復活祭の翌日だというのに、みんな黙々と働いている。6人兄弟が働く、絵に描いたような家族経営の店だ。

主人のサルヴァトーレが言うには、大きく扱っているのは、輸入麻にレースや刺繡などを施した女性向けのリゾートファッションだが、ここ数年、力を入れているのは「100％イタリア産」という麻のシャツ類だった。

「決して多くはないけれど、イタリアでは、今でもトスカーナ州やエミリア・ロマーニャ州などで麻を生産している地域があるんです。うちの工場では、この麻をヴェスヴィオ山の麓の工場で織り上げた麻布を主に扱っているんですよ」

レース模様をフリルで存分に遊んだ生地を使った、透けるほど薄いワンピースは、南イタリアの開放的な女性にぴったりだった。しかし、日本のおばさんにはいかがなものかということで、セイラーカラーの砂色と淡いバラ色の子供服を買った。

私は、麻という素材に目がない。夏はさらっとして涼しく、つややかで、しわになっても品がある。西洋では、古代エジプトのミイラの包帯に麻が使われていたようで、紀元前800年には織物も存在していたらしい。イタリアでは、13世紀にイスラム圏から綿が伝わるまで、羊毛とともに衣類の素材として親しまれた。日本でも、戦国時代に綿が広まるまでは同様だ。

ポジターノの織物産業の起源は、中世初期、この町がアマルフィ王国の一部だった頃に遡る。ポジターノは、海洋貿易で富を築いた王国のために、船の帆を織り、綱をなうという役目を担う職人たちの町だったのだ。その後も、麻や絹の布を織る家内工業的な繊維産業が細々と続いていた。

戦後、ここを訪れたスタインベックも、高台の修道院で何十人もの少女たちが小さな手で器用に糸を紡ぐ姿に目を見張っている。

ところが、スタインベックが訪れた頃から、この織物産業は斜陽の一途をたどる。50年代の化学繊維の台頭である。


かつてイタリアは、ヨーロッパ最大の麻生産国だった。世界でも大国ロシアに次ぐ2位。生産のピークは1914年で、栽培面積は、イタリア全土で約8万7200ヘクタール、中心地であるエミリア地方だけで6万5000ヘクタールもあった。

しかし、前述した化学繊維の台頭によって、84年には100ヘクタールにまで激減した。これには、アメリカが世界で推進した大麻取締法も一役買ったとされている。大麻取締法の原型である1937年のマリファナ課税法は、麻の栽培や販売に関して厳しい許可制度を設けた。これは、石油化学産業に便宜を図るためのものだったのではないかともいわれている。

そして、今や衣服の素材の生産は、綿花も絹も化学繊維さえも、中国がダントツの1位だ。この東洋の大国がノーと言えば、世界は裸で過ごさなければならない。そんな状況に危機感を覚えたEUが助成金を使い、麻薬に加工できない、繊維用に品種改良をした種を普及させてまで、麻の復活を呼びかけたのは90年のことだった。

フランス、スペイン、ドイツ、オランダなどに続き、イタリアが重い腰を上げたのは98年のこと。エミリア・ロマーニャ州やトスカーナ州に、約350ヘクタールの麻畑が復活した。

もっとも、かつての麻の生産量の多さだけを見て、地元が潤っていたかのように感じるのは一種の幻想だ。農家の暮らしぶりから見れば、最盛期はいいことばかりではなかった。手間のかかる麻の栽培に加え、繊維を潰し、糸に紡ぐまでの重労働も農家の仕事だったからだ。それは、綿大国、日本の女工哀歌にも通じる悲惨な世界だった。

だが現代の麻農家は、栽培だけに専念できる。こうして蘇った麻は、ドイツではベンツの断熱材などにも利用され、無農薬の黄麻やリネンのオイルは、化粧品や健康食品としても注目を浴びている。


さて、次にやってきたのは『ブルネッラ』という店だった。

店にはワンピースやパンツ、シャツが並んでいたが、どれも一点ずつで、いかにもサンプル品といった風情だった。

「この店の主力製品は、グレッゾという漂白処理をしない砂色の麻なんだ」

1962年、この店を妻のブルネッラと始めた主人のヴィートは、ポジターノのモーダの歴史を生きてきたような人物だった。

「ポジターノとファションは、切っても切れないものなんだ。もともとこの町には、花嫁衣装を作る工房がたくさんあった。それも、麻を石灰で真っ白にした素材を使うのが主流だった。

しかし、50年代から60年代にかけて、避暑地として人が集まるようになってからは、ここはリゾートファッションの発信地となっていく。まず56年、大きな白いハンカチから作られた、斬新でシンプルなビキニのデザインも、この町から発信したんだよ。翌年には、カラフルなビキニで町中が埋まった。奇抜なビーチ・サンダルなども次々に生まれた。70年代は、フラワーチルドレンの時代だ。当時は、カラフルなモーダが流行ったが、僕らの店の主力商品は、もっぱらデニム素材を使った自由な発想の服だった。刺繍を施したお洒落なジーンズなんかも、それは大人気だった」

てっきり、麻一筋のこだわりを語るのかと思いきや、さすがは、時代の流れを読み、刻々と変化する創造の世界の住人である。そうやって、ポジターノの小さな家族経営の服飾産業は、思いがけない変化や向かい風を受けながらも、逞《たくま》しく生き残ってきたのだろう。

ヴィートは、90年代末から天然素材というモーダの原点に立ち返る。その理由は、素材から進行するモーダのグローバル化への危機感だった。

「90年代になると、イタリアのほとんどの有名ブランドも、中国に工場を構えるようになった。製品にはメイド・イン・イタリアと書いてあっても、実際には、ナポリの南にある、中国人たちが安い工賃で重労働させられている工場の製品が、たくさん出回るようになった。世界には、中国人の器用な手を借りて生まれた安い衣類ばかりが溢れている。ならば、僕らはどうするべきか」

モーダの発信地として、ポジターノが生き残りをかけているのが、天然素材への回帰だった。その中でも、歴史的なつながりも深いイタリア産の麻だ。

『ブルネッラ』でもワンピースを探したが、大柄で色白な北欧の女性に似合いそうなものばかりだった。そこで、漂白していない国産麻のスカーフを手に入れた。

この店も、ミラノやローマなどイタリア各地の店舗への卸しが専門だった。

長女のクリスティーナが、店の二階の工場に案内してくれた。壁にはカラフルな糸がたくさん並び、同じ縫製工場でも『マストロ・モーダ』とはまた趣が違う。テーブルの上で四つ

『ブルネッラ』の二階の工場

ん言いになって大きな麻布を裁断しているのは、彼女の弟たちだった。ここも典型的な家族経営だ。

本書の冒頭で触れた、イタリアのスローシティの代表2人を滋賀県の高島市に案内した時のこと。

琵琶湖のほとりの高島市でも、化学繊維が台頭した時代に、この町を支えてきた綿の織物工場が次々と潰れていった。かつて機織《はたお》り機の音が絶えなかった町では、150ほどあった工場が30ほどに減った。その織物産業をいかに立ち直らせるかに、町は知恵を絞っていた。素材の綿は、中国からの輸入に頼っている。そこで小さな工場は、涼しいチリメン加工の作務衣《さむえ》や若者向けのステテコ、形状記憶シャツなど、日本人らしい加工技術で生き残りをかけていた。

そんな話を地元の人がすると、ローマ市町村連合の副会長だったチェンティーニが、こう言って励ました。

「イタリアにも、たとえば毛織物で知られるロンバルディア州のヴィエッラという町がある。私の国でも、やはり羊毛の生産はほとんど廃れてしまった。しかし、グローバル化の嵐の中で、町のものづくりを救うためには、世界中で、絶対にその町にしか作れないというものを練り上げるしかない。ヴィエッラでは、そこでしかできない染めの技術、質の高いテキスタイルを作り上げ、それが今では最高級品として評価されています。そうしたものを見出《みいだ》すまでは、少なくとも4～5年はかかるでしょう。お互いにがんばろうじゃありませんか」

そんな世界の現状を考えると、ポジターノで始まった「100％イタリア産、麻製品」の動きは、感動的だった。


そうするうちに夕暮れ時になり、通りは、晩ご飯を食べに急ぐ人々の車で混雑し始める。だが、フランチェスコたちは、時計を気にしながらも「ポジターノのものづくりは、リモンチェッロやモーダだけじゃない。もう一軒だけどうです？」と、町のはずれの『カゾラ』という大きな陶器専門店に案内してくれた。

皿やコーヒーカップもあったが、主力製品は、一族が開発したという焼きつけテーブルだった。絵柄を高温で焼きつけた、踏んでも割れず、雨風にも色褪《いろあ》せないテーブルだ。その精密で多様な絵柄は、すべて手描きだった。発色が良く、白地にウルトラマリンとレモン色の組み合わせは、いかにも地中海的である。アマルフィ海岸でよく目にする地図や色タイルは、みんな地元の職人たちの手になるものだった。ドイツ人のような風貌の寡黙な主人は、いかにも頑固で、シャイな職人気質を感じさせた。アマルフィ海岸では、ヴィエトリを中心に15世紀から陶器作りが盛んで、街角でよく目にする陶板タイルの壁画や絵地図も、みんな地元の職人たちの手になるものだ。

海辺の絶景から、段々畑の山村をめぐり、こつこつと働く町工場を見学して、また、海岸の避暑地へと戻ってきた。この一日で、浮かれた避暑地、ポジターノのイメージは180度変わり、いっそう愛おしくなった。

夕食の後、海岸沿いにぽつんと立つバールでエスプレッソを飲んだ。海岸では地元の少年たちがサッカーに耽っていた。

やがて黒々とした山肌にまとわりつく迷路のような村に灯《あか》りがともると、村全体が、まるで大きくて上品なクリスマスツリーのようになった。

遠く、モンテ・ペルトゥーゾの集落で、小さな光がちらちらと揺れていた。

復活祭のピークを終えた後の避暑地に観光客の姿はまばらだったが、不思議な村、ポジターノは、やはり格別に美しかった。

7章

モーダの王者が
ファミリービジネスの存続を託す大農園

トスカーナ州

アレッツォ

*700ヘクタールの敷地

フィレンツェから南東へ約50㎞、アレッツォから北西へ約20㎞の地点、トスカーナ州のプラトマーニョ山の裾野に『イル・ボッロ』という農家民宿の点在するワイナリーがある。

イタリアでは、農村に泊まって、澄んだ空気と地元の旬の料理を味わい、乗馬やトレッキングを楽しむ農家民宿、アグリトゥリズモがさかんである。

中でもトスカーナ州は、2012年時点で、トレンティーノ・アルト・アディジェ州やウンブリア州に大きく差をつけ、最も農家民宿が多い。小さな農家が家族で経営する素朴な宿から、古城やワイナリーを抱えた規模の大きなものまで、内容も多様なら値段の幅も広い。

そして、この『イル・ボッロ』は、モーダの帝王、フェラガモ家の経営する優雅なアグリトゥリズモの拠点だった。

規模もケタ違いに大きく、所有しているのは、アレッツォのロロ・チュッフェンナなど、4つの町や村にまたがる約700ヘクタールの敷地だ。

サルヴァトーレ・フェラガモ・グループの会長フェルッチョ・フェラガモが、イタリア王家の血縁であるアオスタ公爵家から、この広大な土地をボッロという中世の集落ごと買いとったのは、1993年のことだ。最初は600ヘクタールだったが、数年後に100ヘクタールを買い足した。位置的には、アルノ川の上流にあたり、トスカーナ州の約7割を占める山間地の中にある。

『イル・ボッロ』農場のそばには、レオナルド・ダ・ヴィンチが滞在していた集落も残る。その高台の村からは、13世紀に造られた美しい石橋が見える。その辺りは、あの『モナリザ』の背景のモデルだといわれている。

ボッロの集落は、深い濠《ほり》に囲まれた城塞のようだ。

広大な『イル・ボッロ』農場

奥に見える石橋が、『モナリザ』の背景のモデルといわれる

フィレンツェとアレッツォ、シエナを結ぶ三角形のほぼ真ん中に位置していたためか、この集落の所有者は、長い歴史の中で目まぐるしく入れ替わった。中世の頃は、フィレンツェに今も残る名家、パッツィ家が所有していた。メディチ家のジュリアーノを殺害した「パッツィ家

の陰謀」事件で知られる一族である。

　集落の名の由来は、17世紀、戦いで手柄を立てたことで、メディチ家から、公爵の称号とともにこの地を与えられた、名将アレッサンドロ・ダル・ボッロまで遡る。

　その時代、集落は一種の山城だったわけで、今も一本の細い石橋だけがそこへの入り口であるのは、その名残《なご》りだ（２１０ページ参照）。

　ボッロ集落を囲む農場が最もにぎやかだったのは、イタリアのどの地域でもそうだったように、19世紀中頃である。当時の所有者はリカーソリ公爵家で、この地域の在来種であるキアーナ牛と麻の産地として名を馳せた。集落の周辺には70軒の農家が点在し、６００人もの住人で沸き返っていたという。

　しかし第二次世界大戦時、山間地にあるこの集落はドイツ軍に占領された。やがて、連合軍に追われて逃げるドイツ軍は城砦《じょうさい》を爆撃。ボッロの集落は、その後ほぼ半世紀にわたって、中世の面影の残る廃墟として捨て置かれ、サン・ビアジオ教会の司祭と20人ほどの村人が、ひっそりと暮らすばかりだった。

　93年、この土地を購入したフェラガモ家は、廃墟化した集落と、これを囲む広大な農園の再生に乗り出す。

　現在、この土地の責任者は、サルヴァトーレ・フェラガモである。その名は、一族の創立者で、彼の祖父にあたるサルヴァトーレ・フェラガモから受け継いだ。

サルヴァトーレは、創立者の長男で、長くフェラガモの最高責任者を務めたフェルッチョと、英国の旧家から迎えられた前妻アマンダ夫人との間に生まれた、5人の子供のうちの1人だ。彼には、そっくりな双子の兄がいる。ジェームスの名で親しまれる、その兄ジャコモ・フェラガモは、父親の後を継いでファッション部門の最高責任者を務める。

97年、サルヴァトーレは、ニューヨーク大学スターン校で学んだ後、大手会計事務所KPMGで公認会計士として2年の武者修行を終えて帰国し、この農場を任された。

99年、私が初めてこの農場を訪れた時は、農場を任されてまだ3年目、ワインの生産量もようやく年間10万本に漕ぎつけたところだった。

暑い夏の日、じりじりと照りつける日差しの下、サルヴァトーレは、埃《ほこり》と愛犬の毛だらけのジープで、まだ若い葡萄畑を案内してくれながら、名ワインへの夢を語った。

「昔から家族で懇意にしていたフレスコバルディ家から優秀な醸造家を招いたんだ。今、ここでサン・ジョヴェーゼ、カベルネ・ソーヴィニヨン、シラー、メルローを育てている。この葡萄で、いずれ、あっと驚くようなボトルを造るんだ。もうフランスからバリック樽も買っているし、3年後には約20万本のボトルを市場に出す。一部は、1年半くらい寝かせるとして、うまくいけば、5年後には最初のスーパー・ヴィーノ・ダ・ターボラを世に出すつもりだよ」

フィレンツェの町中にいるより、農場で馬に跨《またが》っている方が性に合うと言っていた。乾いた砂埃を上げながらジープで走るサルヴァトーレを、大きな黒い愛犬が追いかける姿が、何とも愛らしかった。


それから10年、再び『イル・ボッロ』農場を訪れると、2児の父親となったサルヴァトーレは、経営者然としたスーツ姿で迎えてくれた。父親のフェルッチョはアマンダ夫人と離婚し、イタリア人のイラリア夫人と再婚していた。あの大きな黒い犬はもうおらず、新しい小型犬が、やはりどこへ行っても彼の後ろをついてきた。

10年前、3年後の目標を20万本と口にしていたサルヴァトーレだが、現在の生産量を訊くと「200万本を生産しています」と言う。

「赤が3種、白はシャルドネです。オリーブオイルも、1000本ほど作っています。それに、これは半分、父の趣味ですが、キアーナ牛も18頭ほど放牧しています」

85年にイタリアでできたアグリトゥリズモ法は、形ばかりの農園と差別化するためにも、少なくとも収入の7割を農業生産から得ていなければならないと定めている。これだけの生産量があれば充分だろう。

97年、16人の部下を従え、観光会社『イル・ボッロ』を設立した彼は、この地をワイン生産とアグリトゥリズモの拠点にするために、敷地内に点在していた崩れかけた農家を一つひとつ修復し始めた。中世の集落の修復では、割れて歯抜け状態になっていた路地の石畳も、ひびの入った壁までも直した。不粋なアンテナを取り外し、剥《む》き出しだった電線を隠した。

こうして、今の『イル・ボッロ』の姿ができ上がった。

10年前、サルヴァトーレは、ただ泊まるだけではなく、農園ならではの特別な旅を考案したいと言っていた。

「今、企画しているのは、たとえば1週間コースで、午前中はシエナやフィレンツェの美術館をめぐって、午後はコルシーニ公爵家、ノタルヴァルトロ侯爵家、リカーソリ公爵家といった貴族の屋敷で食事ができるというツアーだ。ノタルヴァルトロ侯爵夫人から、直接、料理の手ほどきを受けられるという趣向さ。どうだい、面白そうだろう」

現在ではそうしたツアーもすっかり定着したという。

この間も、少しずつ修復を続け、部屋数も増やしてきた。

たとえば現在、中世の集落には2～8人が泊まれる部屋が18あるが、外観や狭い階段の造りは、法律で一切、変えることはできない。その分、キッチンやバスルームを、白を基調に

『イル・ボッロ』の中世の集落

した開放的なデザインにした。また、寝室が２つ以上ある部屋には、必ずバスルームも２つ造るようにした。また、木造の古い家屋には、これに合わせた重厚なアンティークの家具をそろえた。窓やバルコニーからの緑の眺めは、どの部屋も申し分なかった。

一方、周辺の敷地内に点在する農家は、どれも屋外プールつきの贅沢なアグリトゥリズモに変身した。中には、サロンに暖炉のついた部屋もある。

「数年前、やっと改装を終えたばかりなのですが、１８４０年代に造られたヴィッラは、第二次世界大戦で爆撃を受けて、壁がすっかり倒壊していました。それを修復したんです」

サルヴァトーレが、そう言って見せてくれた豪奢なヴィッラは、10年前には、母であるアマンダ夫人と彼自身が暮らしていた邸宅だった。ヴィッラは、フェルッチョ会長から夫人への贈り物だった。それが、そのまま宿泊施設となっていた。高い天井、暖炉つきのサロン、天蓋つきの寝室、プールバーのある娯楽室……。イタリア庭園では、10年前、アマンダ夫人とサルヴァトーレとジェームスの仲睦まじい姿を撮影したことを思い出し、胸が痛んだ。

50人が宿泊でき、披露宴に使われることが多いこのヴィッラは、それなりの値段がするが、農場に点在するアグリトゥリズモや、前述の中世の集落の部屋は、4人家族や友人で1週間借りて、1400ユーロ（2012年6月時点で約14万円）からで、決して法外な値段ではない。1泊だけだと割高になり、4万円近くするが、人数で割ればそれほどでもない。思い切り富裕層にターゲットを絞っているわけではないのだ。

こうして140人が宿泊できるようになった今でも、ゆっくりと修復を進めているのだという。

煉瓦造りのワインセラーの天井は、アーチが優美な曲線を描いていた。これを見上げながら、サルヴァトーレが言った。

「たとえば、このセラーにしても、奥は古い建物を修復したものですが、こちら側は、腕のいい職人にそっくりに新築してもらったものなのです。煉瓦を一つひとつ重ねながら生み出された天井の曲線なんか、すごいものでしょう」

古いセラーの煉瓦のパーツの形状をコンピュータで計測し、職人の技がこれを再現したのだという。こつこつと根気のいる作業である。

「見えないところに、最新のテクノロジーが潜んでいるんですよ」

それからサルヴァトーレは、こちらの目をしっかり見据えた。

「時を経た建築だから、修復もまた急がずに、丁寧に時間をかけてやるということだと思うんです。そうやって、オリジナルの持つ深みを取り戻すことが大切です。みんなが美しいと言ってくれる集落や建築を残せたことで、僕も、歴史の中に小さな痕跡を残せたような気がしています」

*なぜ、フェラガモ家は、アグリビジネスに乗り出したのか?

２０１１年、銀座の大通りにも店舗を構える、イタリアで最も華やかな宝飾ブランド、ブルガリが、ルイ・ヴィトン・グループに買収された事件は、あの国の家族経営の成功者たちを大いに動揺させた。

ブルガリばかりではない。近年のファッション界の買収劇は、目に余るものがある。ブルガリを買収したルイ・ヴィトン社は、正式名称は、ＬＶＭＨモエ ヘネシー・ルイ ヴィトンという長たらしい名で、その名の通り、手堅い産業、シャンパンのモエ・エ・シャンドン、ブランデーのヘネシーといったアルコール類の会社である。

ＬＶＭＨモエ ヘネシー・ルイ ヴィトン社もまた家族経営で、現在、世界最大の高級ブランド・グループとされている。その傘下に収められたのは、ファッションではクリスチャンディオール、ロエベ、ケンゾー、ジバンシィ、セリーヌ、コスメのゲラン、時計のタグ・ホイヤー、ゼニス、シャンパンのドン ペリニヨン、ダイヤモンドのデビアスなど。何年か前まで家族経営の鑑《かがみ》と呼ばれ、独立系ファッション・ブランドだったイタリアのエミリオ・プッチやフェンディも、いつの間にかここに買収されていた。

2番手のピノー・プランタン・ルドゥート社は、前者と争ってイタリアのグッチの買収に成功していた。

世界を席巻したイタリアのモーダの世界は、ヨーロッパの経済危機の混乱の中、買収劇の格好のターゲットとなった。12年には、すでに5年前にイタリアの投資会社の手に渡っていたヴァレンチノを、カタール王族が7億ユーロで買収した。

今はまだ、独立系としてがんばっている王者の一人がアルマーニだが、彼には後継者がおらず、すでに株式の20%を押さえられているという。また、次にルイ・ヴィトン・グループに狙われているというエルメス社も、戦々恐々としている。

そんな中、子供たちも多いフェラガモ社もうかうかしていられないというのが、正直なところだろう。

にもかかわらず、フェラガモ社は、このかつてない経済危機の中で、12年には前年比を超える好調な業績を示した。

今、まさに三世代目へと引き継がれようとしているフェラガモ家のファミリー・ビジネスは、なぜ安定しているのか。

　同社の激動の歴史を振り返りつつ、その秘密を探ってみよう。


　創立者サルヴァトーレ・フェラガモは、１８９８年、南イタリアのカンパーニャ州の貧しい一家に生まれた。14人兄弟の11番目だった。１年間、ナポリの靴屋で修業した後、わずか11歳で、神父をしていた伯父に借金をして小さな靴屋を始めた。

　１９１４年、15歳で、ボストンの兄を頼って渡米。やがて、ハリウッド・スターたちの靴職人として名を馳せるようになる。

　27年に帰国すると、フィレンツェで『サルヴァトーレ・フェラガモ』という靴屋を開業。しかしこの店は、友人の裏切りや大恐慌の煽りを喰らって、33年に一度、倒産。その後、エヴァ・ペロンやインドのマハラニ、イランの王妃といった特別な顧客を相手にしながら復活。38年に、現在のトルナボーニ通りのスピーニ・フェローニ宮殿に本店を構えた。その顧客には、マリリン・モンロー、オードリー・ヘップバーン、グレタ・ガルボ、ソフィア・ローレンといったそうそうたる銀幕のスターたちがいた。

　60年、サルヴァトーレは62歳の若さでガンに倒れるが、創立者の生涯のさらに上を行く〝フェラガモ伝説〟は、むしろその後から始まる。

夫が倒れた直後に39歳の若さで社長に就任し、ブランドを支えた未亡人、ワンダ夫人は、とりわけりっぱな経営魂の持ち主だった。

彼女は、サルヴァトーレが生まれ育ったボニートという小さな村の出身で、父親は町長で医者だった。彼女は、23歳年上の夫との間に3男3女をもうける。

夫が倒れた後、ワンダ夫人は、まだ学生だった娘をものづくりの分野に、息子を経営の分野に振り分けていった。夫人を中心に、残された家族はみごとに父の遺志を受け継いだだけでなく、これをダイナミックに花咲かせる。

長女のフィアンマは靴と皮革製品、次女のジョヴァンナは婦人服、三女のフルヴィアは絹と宝飾品を担当、長男のフェルッチョはやがてワンダ夫人の後任になり、次男のレオナルドはヨーロッパ及びアジアを、三男のマッシモはアメリカを担当するようになる。

だが、何よりも驚かされるのは、ワンダ夫人の子供たちの結婚相手だ。実に6人のうち5人までが、ヴィスコンティ男爵家、コルシーニ公爵家、ガラニャーニ男爵家、サン・ジュリアーノ公爵家……といった歴史に名を残す貴族と結婚し、名実ともに名家となっていった。

まさにルネサンス期、金融業でにわかに頭角を現し、中世から続くアンティノーリ家やエステ家といった古い貴族から〝新興貴族〟と侮られたメディチ家もかくやという勢いである。

これをビジネスの戦略の一環だとか、ありあまる富の力にものを言わせて肩書きを買ったのだと陰口を叩く人は大勢いるだろうが、フィレンツェの上流社会は狭い世界である。むしろ、勢いのあるフェラガモの子供たちは、もてて仕方なかっただろう。

そして二代目のフェルッチョ社長の時代、フェラガモ・グループのビジネスは、靴やモードに留まらず、大きく拡大していく。

年中、観光客が途絶えることのないフィレンツェの最高のロケーションに『ルンガルノ』『ギャラリーホテル・アート』『コンチネンタル』といったホテルを経営。ファッション・ブランドが経営するデザイン性を重視した高級ホテルは人気を博した。それだけではなく、古い屋敷のペントハウスなどを買い取り、内部を改装して、セレブな観光客を相手に一カ月単位で貸し出す、高級な貸し部屋業も展開している。「フェラガモ・ファイナンシャル」という金融会社も経営している。そして、これらのビジネスよりずっと前から力を注いでいたのが、このワイナリーと農村観光という分野だった。つまり、衣食住にまたがる徹底した多角経営が、安定をもたらしているのである。

*村の魂を救ってほしいと直談判した彫金師たち

中世の面影を色濃く残すボッロの集落では、前もって手続きをすれば、村の中のサン・ビアジオ教会で結婚式を挙げることもできる。

この集落には、フェラガモ一家が買い取った時と変わらず、6世帯ほどの家族がひっそりと暮らしている。そこに辛うじて生気を与えているのが、農場で作られたオリーブオイルやジャム、ハチミツなどが並んだ土産物屋と、「職人通り」と書かれた、6軒ほどの職人たちの小さな工房が並ぶ路地である。

「職人たちの店を作るというのは、そもそも僕のアイデアではなかったんです」

サルヴァトーレは正直である。

「ある時、僕と同じ年頃の彫金師2人が訪ねてきて、〝ボッロの集落を救いたいのなら、集落の魂である職人も救って欲しい〟と言うんです。こうして、彼らとの話し合いの中から生まれたのが、あのボッロの職人工房なんです」

集落からほど近いアレッツォは彫金の町として知られる。かつてそこには、2000近い彫金工房が犇めいていたが、昨今の金の高騰と中国製の安い宝飾品との競争で、多くの職人が失業に追いやられた。

ボッロの職人通りには、リネン刺繍、椅子、ガラス、陶器などの工房とともに、彫金師の店が軒を並べている。その『オーロ・デル・ボッロ』という工房の職人こそが、サルヴァトーレにかけ合った彫金師の一人、マッシモだった。

マッシモの店は、自分で持ち込んだデザインの指輪やイヤリングを特注できるし、中世やルネサンス期の装飾品のレプリカも得意としている。

職場を失った仲間たちをたくさん見てきたマッシモは、この中世の集落に工房が持てて幸せだと呟いた。

「職人のいない村なんて、死んだのも同然です。けれども、大切なものはそれだけじゃない。村に息を吹き込むのは、その地の農産物や料理も同じことです。ワインもその一つです。お客さんは、ここでしか味わえない特別なものを求めてはるばるやってくるんです」

中世の集落と石橋

マッシモたちの工房のある集落から長い石橋を下り、濠を渡り切ったところに、ガラス張りの感じのいいレストラン『オステリア・デル・ボッロ』がある。
このレストランからは、ちょうど中世の集落と石橋の全体図が見渡せる。
人気《ひとけ》のない昼間のボッロの集落は、どこか打ち捨てられた廃墟のような、ある種の悲しさを湛《たた》えている。しかし、夕日を受けてバラ色に色づき始めると、息を吹き返したように生き生きと輝く。早めの夕食をとっていたカップルも、フォークの手を休め、しばしその光景に見とれていた。

やがて、あたりが暗くなると、静まり返っていた集落から、ベビーカーを押した女性たちが、わらわらと石橋を下りてきた。友人の結婚式のためにフランスから大挙してやってきた若いお母さんたちだそうで、せっかくだから1週間ほどのんびりしていくのだという。

彼女たちのように幼い子供を連れた旅行者が多いのは、ここにはベビーシッターのシステムがあるからだ。半日くらいは子育てから解放されて、アレッツォやフィレンツェで羽を伸ばし、プールサイドでボーッとできる。

キアーナ牛のカルパッチョ

ところで、このレストランでは認証つきのキアーナ牛が味わえる。幻とさえ呼ばれるキアーナ牛だが、この地域の山間部にわずかに生産者が残っているから実現した試みだった。

キアーナ牛は、在来種の白牛で、霜降りにはならず、噛《か》みしめるほどに味わい深いバラ色の肉だ。トスカーナの伝統的な食べ方であるTボーンステーキ、ビステッカ・フィオレンティーナに挑戦してもいいし、分厚いステーキに自信がない人にはカルパッチョもある。

このレストランは、長期滞在の客のために、野菜料理や魚料理も幅広く揃えている。10年前にも同じ店はあったが、厨房は若いシェフたちに代わり、料理はより軽やかに、より地元の素材を活かしたものに近づいた。

＊次なる展開は、再生エネルギーとエコツーリズム

サルヴァトーレは、これからは「型にはまらない、ニーズに柔軟に対応できるような観光」に力を注ぎたいという。

そして、今後の大きなトレンドの一つは、エコツーリズムだ。

エコツーリズムとは、自然や文化、歴史を楽しみつつ、それらが持続可能な観光のあり方を模索するものだ。

『イル・ボッロ』の敷地は700ヘクタールあるが、そのうち約300ヘクタールは、決して手をつけることのできない、イノシシやキジといった野生動物の保護区の森だ。そんなわけで、敷地内には珍しい野鳥も多い。乗馬やスポーツ・フィッシング、トレッキングも楽しめる。

「EUでは、CO^2税が導入されましたし、ロンドンでは、地球に悪いペットボトルのミネラルウォーターは買わないという若者も増えています。どんどん、社会の意識が変化していますよね。だから、農村を舞台にしたエコツーリズムは、今後、絶対に必要なものです。手始めに、ソーラーパネルや地下熱利用などを取り込んだエコホテルを造ろうと考えています。まあ、3年計画ですね」

葡萄の栽培は減農薬、敷地内を走る車は5年後にはすべて電気や水素を使うもの、もしくはハイブリッド車に切り換えるつもりだとも言った。

CO_2税とは、炭素税とも呼ばれる。石油や石炭、天然ガスなどの化石燃料を使用した際、そこに含まれる炭素の量に応じて税金を課すことでCO_2削減を実現しようという試みだ。ヨーロッパでは2006年から、フィンランド、ノルウェー、スウェーデン、デンマーク、ドイツ、イギリス、オランダ、そしてイタリアの8カ国で実施されている。ちなみに日本でも検討中だが、まだ決定には至っていない。

サルヴァトーレが自信ありげに口にしたのは、叔母のジョヴァンナの夫に当たる人が、環境コンサルタント業も手がけるチェカム・エンヴァリロンメンタルの経営者だからだろう。その上、12年秋、フェルッチョ会長は子供たちと「ラ・ルーチェ・デル・ソーレ（太陽の光）」という新会社を立ち上げ、再生エネルギー事業への参入を表明した。

フェラガモ一族のワイン造りとアグリトゥリズモは、実は『イル・ボッロ』農場だけではない。

ワンダ夫人の三男、マッシモ・フェラガモは、06年、イタリア・モンタルチーノの農場を購入、トスカーナ・ワインの女王、ブルネッロ作りにも乗り出した。

購入したのは、20軒の農家の組合から生まれた『カスティリオン・デル・ボスコ』農場で、農地こそ53ヘクタールだが、全敷地は1750ヘクタールもある。敷地内にある古城を高級ホテルに改装。レストランやバー、スパも完備した。

それだけならまだよかったが、18ホールのゴルフ場まで造ってしまった。

景観の保存や環境問題に力を注ぐイタリアで、ここ10年の悩ましい問題の一つは、ゴルフ場の急増である。日本では、もはや、ゴルフ場がそれほどエコな存在ではないことは常識である。造るためには森林を伐採し、山を切り崩さなければならない。18ホールの場合、50～60ヘクタールの土地がゴルフ好きのための平たい芝生に変わる。だが、それ以上の問題は、このグリーンを維持するために、18ホールなら、約2000㎥の水をたった一日で消費することだ。しかも、常に青々とした芝生に撒《ま》かれる農薬が、周囲の農業に負の影響を与える。

ヨーロッパでは、85年に2900カ所だったゴルフ場が、11年には6586カ所にまで増えている。ゴルフ派より圧倒的に自転車派が多いイタリアでも、今や406カ所になった。政府も慌てて、今後建設されるゴルフ場は、雨水の再利用などによって水の消費を75％抑えるエコ・ゴルフ場にするべし、という法律を制定したほどだ。一方、サルヴァトーレは、エコツーリズムを中心に据えるというのだから、よもやゴルフ場なんぞに手を出すまいと思っていたら、いつの間にか、フィレンツェとアレッツォ郊外に3つも所有していた。

モンタルチーノは、城壁に囲まれた中世の街で、生産量が年に5万本以下の、小さなブルネッロの生産者もたくさんいるワイン好きの天国である。

しかし、そのモンタルチーノも、80年代までは、地の利の悪さから陸の孤島と呼ばれていた。そこにワインを気前よく買いそうな顧客を抱えたモーダの王者が豪華な宿泊施設を造るというのだから、市長やシエナ県は、この一大リゾートの誘致に乗り気だった。

ところが、このゴルフ場問題などもあって、マスコミの反応はやや冷ややかである。ブルネッロのような長期熟成のワイン造りは、息の長い仕事で、評価を下されるのはまだ先のことだが、経営状態はさほどおもわしくないと囁かれている。

そうしたことを考えると、今は順調な『イル・ボッロ』の農場経営もまた、真の評価が下されるのは、もっと先のことなのだろう。

『イル・ボッロ』農場のあるアルノ川上流地域は、起伏の多い山間地で、世界が憧れるトスカーナの典型的な丘の景色とはかなり趣が違う。

豊かな自然や食材に恵まれながら、最近までは観光とあまり縁もなく、ゆっくりと滞在して、自然と向き合う場所もほとんどなかった。

そこに、一幅の絵のような眺め、結婚式ができる礼拝堂、お洒落な食事、貴族の料理教室、乗馬やトレッキング……そうしたものを引力に新しい人の流れを創り上げたのがモーダの王者であるのは、面白いことだと思う。

正直なところ、10年もたてば、どこか浮いた感じが透けて見えはしないかと、底意地の悪い目で臨んだ。にもかかわらず、『イル・ボッロ』農場は、いっそう地元に馴染《なじ》んでいた。アレッツォ駅までのタクシーの運転手からも、悪口の代わりにこんな言葉が返ってきた。

「仕事を増やしてくれたのもありがたいけれど、もしフェラガモが買わなかったら、ボッロの集落はあのまま朽ちてしまったかもしれない。僕はいい仕事をしてくれたと思うよ。それにあんな田舎に、あんたたちのように遠くから人が来てくれるのは嬉しいじゃないか」

考えてみれば、持続可能なファミリー・ビジネスの在り方を模索したならば、食と大地に関わる農業に行きつくのは、当然のことかもしれない。

しかもただのアグリビジネスではなく、きめ細かな環境への配慮もあるエコな農村観光ならば、ますますもって名門の名にふさわしい進化だといえる。それも一足飛びにではなく、サルヴァトーレが言うように、ゆっくりと慎重に、熟していくこと、なのだろう。

8章

町は歩いて楽しめてなんぼである

プーリア州

チステルニーノ

*円錐形の小さな石の住居、トゥルッリ

まだ学生の頃、洞窟住居で知られるバジリカータ州のマテーラを見るために、列車で一人旅をした。車両で向かいに座った南部のおじさんにそのことを話すと、急に顔を曇らせた。

「なぜ、そんなところに行きたいのだね」

何が彼を不愉快にさせたのか、理由がわからない。

「なぜですか」と訊くと、おじさんは、こうつぶやいた。

「あそこにあるのは、ただのミゼーリアだ」

ミゼーリア、それは悲惨さであり、貧しさだった。

今になってみれば、その時のおじさんの気持ちはわからないでもない。

ようやく1993年になって世界遺産に指定され、継承すべき貴重な社会遺産として世に注目されるようになったマテーラの洞窟住居は、岩に掘った洞穴に、まるで古代人のように人が暮らしていたわけで、当時は電気もガスも通っていなかった。上下水道さえ整っていない不衛生な環境、車社会に馴染まない迷路のような造りは、50年代にはイタリアの恥部とまで呼ばれ、住民たちは、近くに造られた公営アパートに強制移住させられたのだ。

あれから25年の歳月が過ぎた今では、そのマテーラもすっかり観光地になった。洞窟住居

の中にホテルや食堂もたくさんでき、戻って暮らし始める住民たちも現れた。

おそらく地元で育ち、間近でこれを見てきたおじさんにとっては今も南部の恥部であり、今さら観光の宝だ、貴重な歴史の断片だといわれても腹立たしいばかりだったのだろう。


プーリア州に点在する円錐形の小さな石の住居、トゥルッリもこれと似たようなものだった。それは、地元に転がる石や岩だけを使って、何とか雨風を凌《しの》いできた農民たちの住処《すみか》であり、長い間、貧しさと不安定な暮らしの象徴だった。

そのトゥルッリ群が集中するアルベロベッロが、同じように世界遺産に登録され、近頃はプーリア州全体に新しい観光の風が吹き、盛り上がっているのだという。

そんなわけで、久しぶりにプーリア州に足を運ぶのは楽しみでもあり、少し怖いような気もしていた。

プーリア州は、アドリア海側に面したイタリア半島のブーツの踵《かかと》に当たる州だ。バーリから電車に乗って3時間ほど南下したチステルニーノという町が、今回の目的地である。なぜなら2007年、この町がスローシティに名を連ねたからである。

相変わらず南はのんびりしていた。

駅を降りると、迎えに来てくれるはずの役場の女性の姿がなかった。駅前には、珍しくバール一軒ない。やがて、その女性は30分ほど遅れてやってきたが、役場でもやっぱり同じくらい待たされ、ようやくスローシティに積極的だった町長（当時）、ジーノ・コンヴェルティーニに会えた。

ジーノ町長は、開口一番、こう言った。

「僕らの地域が、第一に世界に誇れる宝物、それはトゥルッリです」

トゥルッリの意味は、大きく変化していた。もう貧しさの象徴などではなかった。

「この数百年、いや数千年の歴史が、僕らに残してくれた宝をしっかり守っていくことを中心に据えれば、そばに巨大な建物は造れません。何も世界遺産になったから、慌てて頭を切り換えたわけではないのです。世界遺産に指定されるずっと以前、戦前から、このイトリアの谷の地域は、国の景観保護地区に指定されています。だから滅多なものは建てられないのです」

トゥルッリが無数に点在していることで、チステルニーノのあるイトリアの谷の地域は、派手な開発を免れてきたというのだ。

「いいですか、世界遺産として登録されてからは、すべてのトゥルッリが、その数と位置、形状まできっちり記録されているのです。これを利用するに当たっては、伝統の流儀を外れて、セメントは愚か、釘一本を使うことも厳しく取り締まられているのです」

＊トゥルッリが最も密集するイトリアの谷

翌朝、歴史に詳しい役場のベラルディーノが、イトリアの谷で、本来のトゥルッリを案内してくれた。

日本人には、アルベロベッロの町に密集するトゥルッリ群がよく知られている。丘の上の小さな町に、旧市街だけでも約１４００軒のトゥルッリが密集し、まるでおとぎ話の舞台のようだ。

アルベロベッロのトゥルッリ群。屋根のてっぺんには謎めいた飾りが付いている（後述）

しかし、ベラルディーノに、「まだ観光化されていない本物のトゥルッリを見せてあげよう」と連れて行かれたのは、17世紀に造られたトゥルッリだった。

中は荒れていたが、パン焼き窯の跡もあり、80年代まで農家が暮らしていた痕跡が生々しく残されていた。

トゥルッリは、石灰石をモルタルなどの接着剤を一切使わずに積み上げて造る。壁の部分は円柱形に、屋根の部分は円錐形やドーム形に精巧に積み上げる。イトリアの谷のように畑の中に点在しているものは、もともとは農具を保管したり、農作業の合間の休憩場として使ったりしていたものが多かった。やがて、農家がそこで暮らすようになると、家族のための部屋を増やしたり、畜舎を隣接させたり……という具合に、3つから5つのトゥルッリが連なった独特の造りになっていく。現在、ホテルや民宿に利用されているのは、そうした造りのものだ。

次に、ベラルディーノが迷いつつ辿り着いたのは、乾いた畑の先にぽつんと残る、18世紀のトゥルッリだった。これは今も干し草置き場として使われていた。

イトリアの谷のトゥルッリ群の多くは、観光化が進んだアルベロベッロのトゥルッリ群と異なり、石灰水で白く塗られておらず、とんがり屋根の先の魔除《まよ》けの装飾もほとんどない。その多くが雨風に晒され、すっかりくたびれていたが、同時に不思議な威厳もそなえていた。

イトリアの谷に残る古いトゥルッリ

写真を撮っていると、ベラルディーノが繰り返した。

「まあ、粗末な家だから、昔は貧しさの象徴みたいなものだったんだがね」

彼が青年の頃までは、そうだったのだ。

それにしても、トゥルッリは、いったい、いつ頃に生まれた建築様式なのだろう。

「アルベロベッロでは、15世紀後半、豊かな森に囲まれていたこの地域を手にいれたさる伯爵が、ナポリ王国への税金を払いたくないために、農家を一カ所に集め、王家が視察に来た時にはすぐに屋根を取り壊せる家に住まわせた、と言われているだろう。

しかし、現存する最古のトゥルッリが16世紀のものだからといって、それ以前になかったわけでは決してないんですよ。新石器時代からあったという説もあるくらいです。このあたりは、白亜期まで浅瀬の海岸でしたから、カルスト台地で、ちょっと掘ればどこからでも石灰岩が出てくる。そこで、地元にあるもので家を造るとなれば、どうしたってこういう形になる。ここは、古代からたくさんの移民たちが流れ着いた地域で、こうした技術を、彼らが運んできたという人もいる。その証拠に、古代に遡る同じような建築群は、プーリア州だけでなく、マルタ島にも、南仏にも、アイルランドにも点在しているんです」

古代、地中海貿易の要所だったこの地に、アフリカなどの建築技術が、ミケーネ人によって伝わったと推測する学者もいる。「トゥルッリ」という不思議な響きの言葉は、古代ギリシャで丸い石の墓を指す「トロス（tholos）」が語源ではないかというのだ。

「でも、どうして古代にまで遡るトゥルッリが残っていないのでしょうね？」

そう訊くと、ベラルディーノは、少し呆《あき》れ顔になった。

「そりゃ、すぐに壊せるからでしょう。そして次々に再利用されてきた。それに実用品ですから、保存するという意識さえ、つい最近まで皆無だったわけですし……」

博物館に埃を被って陳列されているより、使い続けながらも残っている方が、ある意味、ずっと価値のあることかもしれない。そう考えれば、日本各地の棚田や段々畑も、もっともっと評価されてしかるべきである。

しかし、トゥルッリが貧しさの象徴だった70年代までは、その多くが廃墟化し、朽ちるにまかせていた。その後、地元の意識がゆっくりと変わり始め、96年、アルベロベッロのトゥルッリ群がユネスコの世界遺産になると、外国人までもが、トゥルッリを活かした観光に投資し始めた。今では、地元の人も慌ててこれを修復し、あるいは新築までしてホテルや農家民宿を作っている。しかし、極端な観光化や違法な改修によって史跡の価値を下げないよう、すべてのトゥルッリを綿密な調査によって記録し、監視しているのだという。

泊まることのできるトゥルッリは、プーリア各地に点在する。イトリアの谷にも何軒もあった。

その一つ『マッセリア・モンターロ』は、ごく最近まで住居だった大きなトゥルッリを改装したものだった。ここは現役の農家で、お客の面倒をマメにみることができないという理由で、朝食だけの安価なB&Bにしていた。

一方、有名人もよく使うという17世紀の大農園『ヴィッラ・チェンチ』では、かつて馬小屋だったトゥルッリを離れに改装していた。

『マッセリア・モンターロ』を覗きながら、ベラルディーノが言った。

「トゥルッリは天井が高くて壁が厚いから、風が通る小窓さえ開けてやれば、案外と夏は涼しく、冬も暖かいんだ。この辺は、ずっと水不足に悩まされてきた地域で、昔のトゥルッリには屋根の雨水を地下に集める仕組みもあったんだよ」

中に入ってみると、想像していたよりも天井が高く、ゆったりしていた。言われたように、エアコンなしでも、ひんやりとしていた。

使っているのは石灰石だけ。精密に丸く積み上げる石工の技は大したものだった。接着剤を使わないから、人が住まなくなれば、そのままゆっくり朽ちていく。すべては自然からいただいたもので、そのまま自然に返るだけ。余計なゴミも出さない。そこには、「原始的」と片づけるのはあまりに愚かな、隠れた技と知恵があった。

すっかり感心していると、ベラルディーノに諭された。

「日本にもあるでしょう。風土に合ったエコな木造の家が」

ご説、ごもっともである。

*急ごうにも急げない白い迷路のような町

貧しさの象徴が、ある時、世界の宝に変わる。

考えてみれば、茅葺《かやぶき》の家屋群が残る京都府の美山町や、白川郷の合掌造りにしても、かつては過酷な労働を要する不便な住まいとして捨て置かれていたものが、今やそこにしかない宝へと変わり、世界中の人たちを魅了している。

歴史の宝、トゥルッリを守ることは大切な課題だったが、チステルニーノの町がスローシティに名乗りを上げた本当の理由は、車社会に馴染まない、この町の独特なかたちにあった。チステルニーノは、人口1万2000人ほどの町だが、旧市街には3000人ほどしか住んでいない。旧市街は、15世紀頃にできたといわれる城壁に囲まれている。門は2つだけで、敵の侵略に怯えて暮らした時代、村人たちは昼間は周辺の畑で働き、夜は門を閉じて城壁の中で身を寄せ合って過ごしたという。人とすれ違う時に肩が触れるほどの狭い路地ばかりで、イタリアの他の地域ではあまり目にすることがない、北アフリカやギリシャの町を思わせる、白い迷路のような町だ。

高くても三階建ての小さな家ばかりで、路地の空を見上げると、両側の家の壁を補強するためか、つっかい棒のようなアーチが何本もかかっている。

狭い袋小路は、数軒の家々の共有スペースで、花々の鉢が置かれ、ちょっと日本の下町風である。夕方になると、おばあさんたちがそこに椅子を出して雑談したり、子供たちがサッカーに興じたりする。

どのくらい小さな町かといえば、ものの5分も歩けば、どの路地からでも中央のこぢんまりしたエマヌエーレ広場に出られる。

最初にこの町の様子を目にした時、〃個人主義というものが発達していて、何事にもプライバシーを重んじる〃と教えられた西洋観が、ぐらぐらと崩れ落ちた。狭い玄関先の空間を共有し洗濯ものは丸見え、部屋は狭く二階への階段は雨ざらし、どこからどこまでが隣の家で、どこからどこまでが自分の家なのか、その境界さえ曖昧《あいまい》なのだ。広場のバールで若者たちがはしゃげば、早寝の独居老人たちはうるさくて夜も眠れない。

こんな住環境では、プライバシーの概念なんてどう考えても意味がない。

でも、狭苦しい環境にも、少々の騒音にも文句も言わず、そういう場所で暮らすことに慣れているアジア人は、この町にどこか親しみを覚えるのだった。

中でもスカレッティ地区——小さな階段地区と呼ばれている

数軒の家々の共有スペース。日本の下町風だ

界隈は、狭くて急な階段がたくさんあり、彫刻的な面白さに満ちている。この白い彫刻が夕日に染まり始めると、まるで夢の断片のようだ。

つまり、チステルニーノは、急ごうたって急げない町なのだ。ならば、不便でプライバシーもないと考えるより、人と人との交流の場に満ちた町、お年寄りものんびり暮らせて、子供たちも安心して遊べる人間サイズの町、というふうに考えるのが得策だ。実際、アジアの旅行者も、こうして安らいでいるではないか。

それこそが、スローシティの哲学だった。

スカレッティの町並み

＊美しさを競うイトリアの谷の町と旧市街の車両規制

プーリア州の中でトゥルッリが最もたくさん密集するイトリアの谷。チステルニーノの見晴らしの良い高台からは、谷を見下ろすことができる。アドリア海へと続くオリーブやアーモンドの木々の緑の中に、今も農家が暮らすトゥルッリ群があちらこちらに見える。

そして、このバーリからターラント、ブリンディシの間に広がるイトリアの谷には、もう一つの特徴がある。チステルニーノだけでなく、美しい小さな町が競い合うように点在しているのだ。みんな違って、みんな美しい。しかもどの町に泊まっても、別の町へはバスか車で15分、遠くても30分あれば着く。

日本人にもよく知られているのが、先に触れたアルベロベッロだろう。ここは、15世紀末、ナポリ王に支配を許されたコンヴェルサーノの伯爵の領土となった時代、農家が意図的に集住を迫られたことで、１４００以上ものトゥルッリが密集する特異な景観が生まれた。トゥルッリの屋根のてっぺんには、魔除けではないかと言われる、惑星などを表す謎めいた飾りが付いている。また、トゥルッリの集合体である教会なども残る。この町では、そうした多様なトゥルッリを、一度に歩いて見てまわることができる。バスで押しかける旅行客も多く、日本語の呼び込みも聞こえる。中には宿泊できるトゥルッリもある。

近づく方向によっては、オリーブ畑の向こうに、空に浮かんでいるように見えるのが、オストゥーニの町である。イタリアで「白い町」といえば、このオストゥーニと相場が決まっている。

人口は３万２０００人とチステルニーノの倍以上で、鉄道駅には急行も止まるとあって、やはり観光化が進んでいるが、品のいい町で、著名人も別荘を持ちたがる。観光的にも潤っているだけに、年に一度の外壁の石灰塗りにも熱心で、白い町はますます白くなっていく。

チステルニーノと似ているようで、町の中に踏み込んでみると、その造りはまるで違う。かなり急な坂道ばかりで、陶器やレース編みなどを売る店が並び、坂を登りつめた先には大聖堂がある。

マルティーナ・フランカは、打って変わってバロックの町だ。プーリア州のレッチェほど豪華ではないとしても、家々のバルコニーなどに素朴なバロック彫刻が残る。一見の価値があるのは、高さ42mの装飾的なファサードを持つ聖マルティーノ教会だろう。かつてはアルベロベッロも配下におさめた古都で、人口も約5万人と最も多く、商店街にも活気がある。海抜500mと、イトリアの谷では一番標高が高い町で、ここからの眺めはまた格別だ。

もう一つ、白い迷路を楽しめるのは、ロコロトンドである。ラテン語で丸い町という意味で、その名の通り、遠くから眺めると、丘の上に掲げられた白い王冠のような姿をしていて、中央にはサン・ジョルジョ教会の丸天蓋が覗く。

人口は1万2000人と、チステルニーノとほぼ同じ。小さく素朴な町の造りはよく似ている。

そしてチステルニーノと、ロコロトンドの2つの町は、4章で紹介したアプリカーレ同様、イタリアの美しい村連合（BBI）にも加盟している。

従って、旧市街への車の乗り入れはできないので、旅人はゆっくりと町を歩いて楽しむことができる。

白い町オストゥーニ

マルティーナ・フランカの聖マルティーノ教会

白い王冠のようなロコロトンド

連合の会長を務めるフィオレッロ・プリーミは、加盟しているのは過疎化や高齢化が深刻な小さな町ばかりで、そこで大切なのは雇用の創出だという。

そのために重要なのは観光化だが、ただの観光ではなく、あくまでも町の歴史、芸術、食文化、職人、祭りといった文化を掘り下げながら、町を本当に豊かにする新しい観光を模索してきたのだという。

チステルニーノのBBIの看板

この知られざる小さな田舎町のラブコールは、既存の史跡めぐりにうんざりしていた人たちの間に、本物志向の五感を楽しませる新しい観光の流れを生んだ。

ＢＢＩのガイド本は、本屋やキオスクにまで置かれ、イタリア語だけでなく、英語、ドイツ語、フランス語にも翻訳され、スウェーデンとアイルランドではミニガイドが出版されるほどの人気となった。

また、加盟する町や村は２００を超え、数年前からは買い物、宿泊、トレッキングなどにいろいろな特典がつくＢＢＩ友の会のカードまで販売され、なかなか積極的である。

チステルニーノの旧市街の入り口にはＢＢＩの看板が立っている。これがあれば、うんと小さいかもしれないが、その町では車の排ガスや騒音から解放されて、ゆっくりと歩きながら食事や買い物が楽しめるということを意味する。たったそれだけのことが、これほど現代人を惹きつけるということを、車大国の日本は、もっと真剣に考えるべきである。

もっとも、不便な場所に多い大半のＢＢＩに行き着くには、車という道具が最も有効なのではあった……。

＊夜はレストランに早変わりするもったいない〝肉屋〟の伝統

チステルニーノは、小さな町ながら、バールやレストランも多い。

そこで、２００３年にこの町に舞い戻って店を開いたというマリオシェフの『タヴェルナ・デッラ・トッレ』を訪れた。タイの塩包み焼きの絶妙な焼き加減も、伝統料理である、菜の花にそっくりのカブの芽のオレキエッテも、つけ合わせの空豆のピュレも最高だった。店は様々なグルメガイドに紹介され、町の観光化に貢献していた。

チステルニーノから車で15分ほどの美しい海辺、トッレカンネには魚料理やウニ専門店が並んでいるが、せっかくこの町にやってきたなら、一度は体験してもらいたい面白い食堂がある。町中に5軒、郊外に１軒ある肉屋が、夜には肉料理専門の食堂に早変わりするのだ。

言ってみれば、魚河岸の脇にある定食屋のようなもの。江戸時代の魚屋には飯屋を兼ねる

夜は肉料理専門の食堂に早変わり。『メンガ』の食堂スペース

夏の晩、大勢の人が繰り出したエマヌエーレ広場

店もあったようだ。肉を売る立場にすれば、仕事は増えるが売れ残った肉を腐らせることもない、いわばイタリア版〝もったいない〟食堂である。

マルティーナ・フランカにも同じような伝統があるが、もともとそちらの方が古く、こちらはそれに倣ったのだという。

大きな店では、食堂のスペースを肉屋の店内に確保しているが、大抵の店は、夕方になると袋小路や広場の一角に机と椅子を並べ、俄《にわ》か食堂ができ上がる。隣近所と共有する空間が堂々と食堂に変わるのが、何だか不思議だ。都市の場合、広場に椅子を並べると年間で驚くほど高い使用料が発生するが、慣習的にそれもないという。

ジーノ町長と、食堂スペースのある『メンガ』という肉屋で食事をした。夜8時からの営業だが、地元の家族連れやご夫婦でいっぱいである。立派な体格の主人ピエロ・メンガによれば、この店は80ヘクタールの放牧豚の農場も経営している。こうした店が地元で人気なのは、肉も安心ならば価格も庶民的だからだ。

そして、普通の食堂との棲《す》み分けを図るためにも、仕事を単純化するためにも、パスタはない。肉一本やりで、野菜類はサラダ、ポテトフライ、自家製の酢漬け野菜のみ。メニューには仔牛や羊のシンプルなグリル、新鮮なレバーのソテー、モツ煮込みや馬肉料理などが並ぶ。名物は、「ボンベッレ（爆弾）」という名の、豚肉とチーズの生ハム巻き。この物騒なネーミングは、料理のカロリーの高さのことを表しているのだろう。

食事をしたのは、ちょうど、遠くへ出稼ぎに行った人や、進学のために出ていった若者たちも帰郷する夏の晩だった。店を出ると、真夜中のエマヌエーレ広場は、立ち話に興じる人たちでいっぱいだった。独居老人たちは、眠れないに違いない。

＊脱原発と文化戦略で雇用を増やした知事

〃プーリア州は、第二のトスカーナ州である〃といわれるような活気を生み出した人物の一人に、２００５年４月にプーリア州知事に選ばれたニキ・ヴェンドーラがいる。

ニキ・ヴェンドーラは、11年3月16日、福島第一原発の地震による事故を受けて、「もし、プーリア州に原発施設を造ろうとするならば、イタリア政府は、最新式の戦車でも買う必要があるだろう」と過激な発言をし、話題を呼んだ。

彼は、3月13日の時点で、チェルノブイリ事故に続く福島の事故によって、「原発というものは、安全神話というその物語を支えていた核心の部分に致命傷を負わせた」とも発言している。

その後、脱原発の動きは、かつては喧嘩ばかりで共闘することなどなかった環境団体も足並みをそろえたことで、半島全体でのうねりとなった。そして当時のベルルスコーニ政権が推進していた2020年までの原発再開計画を、11年6月の国民投票で無効にすることに成功した。87年に国民投票によって4基の原発を閉鎖した経験のあるイタリアでの二度目の挑戦だった。

ニキ・ヴェンドーラは、バーリに生まれ、父子家庭の末っ子として育った。バーリ大学哲学科で学び、卒論のテーマは『ソドムの市』『奇跡の丘』などで知られる映画監督で詩人のピエル・パオロ・パゾリーニ。学生時代に共産党員となり、その後は、性的マイノリティの権利を守るボランティア団体、アルチ・ゲイなどで活動。議員時代にはマフィア対策委員会の副議長も務めた。共産主義再建党から01年、新党の左翼エコロジー自由党を発足。プーリア州の知事選では、すでにゲイであることをカミングアウトしていたにもかかわらず、中道右派の経済学者をわずかな票数差で破り、驚きの当選と言われた。

12年、プーリア州は、この深刻な経済難の中でイタリアで最も雇用を増やした州として注目されている。そしてそれはヴェンドーラの政治の成果だと言われている。

中でもヴェンドーラが力を注いだのは、再生エネルギーと文化だった。

イタリアでは、昨今、原発大国フランスから電力を買うという矛盾を抱えている。しかし、南イタリアでは、昨今、急ピッチで新しい再生エネルギー施設が誕生しており、10年に南イタリアで3万9090カ所だった再生エネルギー施設が、12年には7万6000カ所とほぼ倍増した。それはイタリア国内で生産される再生エネルギーの88％を担う。福島の事故が、世界のエネルギー政策を変えたと言われる一例である。

中でもプーリア州は際立っており、7万6000カ所のうち2万3000カ所が、このブーツの踵に集中している。

南部が最も力を注ぐのは風力発電。地中海地方は常に風が吹いているからだ。ブリンディシ沖合では、ヨーロッパ初の海上風力発電に成功、現在もターラントやフォッジャ郊外で、新しい風力発電所の建設が進んでいる。

また太陽光発電は、南部6州が32％を占めるが、プーリア州だけでイタリア全体の14％を生産している。さらにバイオマスやバイオエタノールは同州が50％をカバーする。

プーリア州は、新しい観光に沸き立っているだけでなく、再生エネルギーの先進地として雇用も増やしているのだ。

しかし、ヴェンドーラの政策の中で、それ以上に注目すべきは、バーリとレッチェに映画産業と音楽産業を誘致すると約束し、当選後、さっそく実行に移したことだ。若者たちを地方にとどまらせるには、文化の発信基地を創り上げ、活気を生み出すことが最も大切だからだという。

敬愛するパゾリーニのように、ゲイでカトリックで左翼という矛盾を揶揄《やゆ》されながらも、ヴェンドーラはなかなか奮闘している。

*農業の価値を高めるスローな観光

しかし、ジーノ町長は、この再生エネルギー政策による活性化をやや醒《さ》めた目で見ていた。

「真に持続可能なエネルギーといえば、太陽、風、地熱くらいのものです。ソーラーパネルや風力発電の新技術には、もちろん期待していますが、これもやっぱり景観を壊すことには変わりない。あまり美しくないという点において、この町では難しいですね。レッチェ郊外の工場地帯では、大がかりな設備ができ上がっていますが、ああいうものを造るならば、そういった場所でしょうね」

どこまでも続くソーラーパネルや物々しい風力発電の設備のことを言っているのだ。美しくないという踏みとどまり方が、いかにもイタリアらしい。実際、トゥルッリ密集地区のイトリアの谷には、景観法によるしばりがあるため、法律的にも、そうした設備の建設は難しいのだという。

プーリア州が第二のトスカーナ州と形容されることについても、ジーノ町長は、全面的には賛同しかねていた。

「この地域には、トゥルッリ以外にも大切なものがあるのです。それは、トスカーナ州でさえ、ほぼ失ってしまった農業が生きていることです。人口1万2000人ほどのこの町で、今でも約1500人が農家なのです。もっとも専業農家は、その3分の1ほどですがね」

そういうジーノさん自身、白ワインの兼業農家だった。

プーリア州のオリーブオイルの生産は、イタリア最大である。小麦の生産量も多く、香りの良いおいしいパンの文化で知られている。都市では、プーリア人が経営するパン屋はどこもおいしいと評判だ。

「たとえば、農家が、効率よく現金収入が得られる観光業に安易に手を伸ばして、その結果、本業を捨ててしまうようなことだけは避けたいんですよ」

長い目で見れば、決して町を豊かにしない目まぐるしい観光ではなく、もっと地元のものづくりや環境を尊重するような持続可能な観光を生み出せないものか、というのだ。

大型バスで、決められた店で慌てて買い物をし、決められた食堂でぱっとしない食事をし、決められた宿に詰め込まれ、慌てて次へと移動するようなせわしない旅は、こうしたサイズの町には、決してありがたいものではない。ゴミは落とさず、地元のいいものには、きっちりと対価を支払う。それが今後の理想的な旅人像なのだ。観光もそろそろ量から質への転換期なのだろう。

ジーノ町長は続けた。

「しかし、農村観光の世界的先進地であるトスカーナにも、学ぶべきことはあります。それは、今、ここにあるものの価値を最大限に引き出すことです。

たとえば、イトリアの谷は、ロコロトンドにしても、マルティーナ・フランカにしても白ワインの名産地なのに、まだ海外でもイタリア国内でも、さほど知名度がありません。それにプーリア州は、イタリア最大のオリーブオイルの産地です。量だけではなく、中には極めて質の高いオリーブオイルもありながら、トスカーナ州のように質で名声を得るには至っていないのです」

今後は、プーリア産の本当に質の良い農産物や加工品を、観光のプロモーションの真ん中に据えていく必要があるのだといった。

「ただ私は、トスカーナ州と同じにはしたくないのです。ここでは、農業をできるだけ、今の姿のまま残したい。そして、町民たちが100㎞圏内で採れたものを食べ、できれば有機農業を目指す方向に持っていきたい。やるべきことは山とありますが、まずはプーリア州では、地域の中で採れたものを食べられる、ということが、いかに贅沢なことか、そして地球にもいいことかということを、町の約300人の子供たちにしっかり伝えることから始めようと思っています」

食育担当の若い女性は、地産池消を進めるだけでなく、グローバル社会の問題にも取り組んでいた。イタリアの農業がたくさんの移民の力に依存している現状で、古い農村の価値観の下では、移民の子供たちがいじめの対象になることも少なくないという。そこでチステルニーノの町では、学校でイスラム教の子供に特別メニューを用意し、給食の時間を通じて、地元の子供たちに幼いうちから異文化を理解する心を育てようと努めているのだと教えてくれた。

そして、子供たちが創った町の絵本をプレゼントしてくれた。小さな手帖サイズの絵本だったが、小学生たちが、地元の白ワイン、豊かな森、澄んだ海、トゥルッリの歴史、迷路のような町、教会や祠《ほこら》の神様……といったものについて解説し、自分たちで絵を描いた町の案内書だった。町の人情の温かさにも触れていた。これを仕上げるために、地元の年寄りや農家を訪ねて聞き取りをする小学生たちの姿が目に浮かんだ。子供たちの地元への思いは、この一冊で大きく変わるだろう。それはまさに、小学生によるイタリア版地元学だった。

素敵な土産をいただいて、そろそろ町長室を出ようかという段になって、ジーノが不思議なことをつぶやいた。

「チステルニーノ市民は、まだ地元に自信が持てずにいるのです。トスカーナ人のようにはね」

それは意外な発言だった。

長いこと、イタリア人は、あまねく自分の町に揺るぎない自信を持っているのだと思い込んできた。自分の地域が世界のおへそだと信じている人ばかりなのだと。ところが、あの誇り高いトスカーナ州の田舎町で、パオロから過疎に苦しんだ自信のない時代の話を聞いて（1章参照）、大きく認識を改めた。

と思ったら今度は、プーリア州で07年になっても、まだ自信が持てないという話を耳にしようとは思わなかった。

と同時に、自分でも底意地が悪いと思うが、小躍りしたくなるような感情が湧いた。このプーリア人の言い草は、まるで日本の地方の住人にそっくりではないか。東京ばかりに憧れて、それとの比較から、ここにはあれもない、これもない、何にもない、と思い込まされている。そんないわれなきコンプレックスを抱えて暮らす、地方の日本人のようではないか。

すぐに机に座り直すと、なぜ、地元に自信を持てずにいるのかと訊ねた。

「きっと、この町の住民たちは、長い歴史の中で、封建制度によって権力者に抑え込まれてきたからでしょうね。どうも、未来が自分らの自治力にかかっているという意識に欠けるのです」

後で調べてみると、１１８０年、ローマの教皇アレッサンドロ三世が、プーリア沿岸部の都市モノーポリの大司教の統括を認め、この町はその教会領に組み込まれた。以来ずっと、イタリア統一によって解放されるまで古い封建制度による農村支配が続いた。

中・北部では、ルネサンス期になると次々とコムーネと呼ばれる都市国家の自治組織が誕生し、力をつけ、農家たちの意欲を高めるために折半小作制度が取り入れられた。だが、プーリア州など南部では、その後も古い封建制度が踏襲されていた。

年配のイタリア人たちが、よく搾取の構造として語り継ぐ折半小作制度も、古い封建制度に比べれば、まだましだったという。

ノルマン人、フランスのアンジュー家、スペインのアラゴン家……南部では次々と支配者が入れ替わる中、それほど恨まれていないのは、優れた建築群を残し、貪欲《どんよく》な貴族たちの古い封建制度の改革を図ろうとさえしたフェデリコ二世くらいのものだった。

よく、高度な自治都市を母体とするイタリアの地方都市と、江戸時代まで年貢に苦しめられていた日本の地方都市は比較のしようがない、自治力が違うと言う人がいるが、このプーリア州のような南部の農村地帯を見る限り、その意見には賛同しがたい。年貢に苦しんだ日本の地方によく似ている。

「ジンナイも言うように、この町の構造にしても、フィレンツェのように名君が贅を尽くし、名だたる芸術家たちに造らせたという町ではない。貧しかった農家たち、名もない職人たちが、海賊や敵の脅威に怯えて暮らしながら、狭い城壁の中に肩を寄せ合って暮らし、そうするうちに家族も増え、少しずつ建て増していったら、気がつくと、こんなかたちになったというような町です」

ジーノさんが親しげに呼び捨てにするジンナイとは、イタリア建築史が専門の陣内秀信氏のことだった。陣内氏は、学生の頃、日本の下町の路地裏にも似たこの町の構造に惹かれ、研究のために足繁く通い、教鞭をとってからも研究室の学生を連れて幾度も訪れていた。

その若い頃の著作『都市を読む・イタリア』（法政大学出版局、１９８８年）で、チステルニーノの建築をこう評価している。

「こうした変化に富む不整形な建物や生活空間については、長らく（自然発生的）というレッテルが張られてきた。だが、やがてそれも、近代人の陥りやすい誤りだということがわかってきた。本当はこの様な場所にこそ、人々の長い歴史の中で培われた知恵が様々な形で生かされているのであり、偶然できたり、思いつきで勝手につくられているのではないことが、明らかになったのである。つまり、そこには（内なる秩序）が見出せるというわけである。〈中略〉そこにはわれわれの住む近代都市以上に、生活の必要と結びついた真の計画性が隅々まで貫かれているといえるのである」

少し照れながらジーノは、生まれ育った町を、こんなふうに表現した。

「まあ、この町は、人といっしょにいるのが好きで、相手に合わせて融通を利かせるというイタリア人の良さが、そのまま形になったようなところかもしれません」

プーリア州が第二のトスカーナ州と呼ばれる中、建設業界が沸き、イギリスやドイツなどの資本も投下され、ワイン産業にはトスカーナ州の名門アンティノーリ家も進出した。

その一方で負のインパクトも囁かれている。たとえば、石灰岩の採石場での違法採掘や物流の増加による騒音問題、また、樹齢数百年のオリーブの古木が秘かに伐採されて外国に売られる事件も起きているという。

プーリア州が豊かな自然や農業を守りながら、若者たちが戻る豊かな農村に熟していくか否かは、この10年が正念場かもしれない。

9章

農村の哲学者
ジーノ・ジロロモーニの遺言

マルケ州

イゾラ・デル・ピアーノ

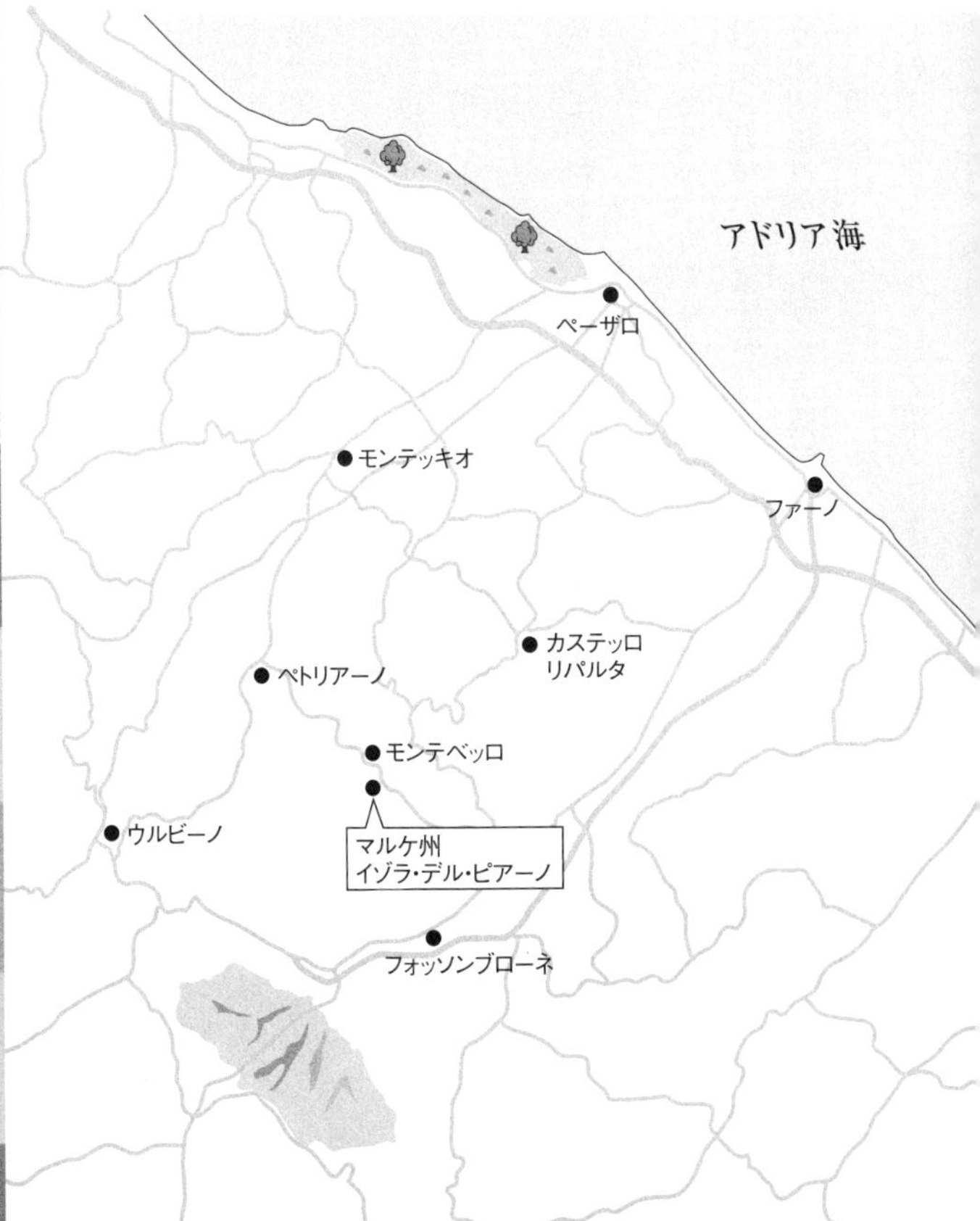

＊瀕死の大地

ジーノ・ジロロモーニは、「イタリア有機農業の伝道師」とも、「農村の哲学者」とも呼ばれていた。秀でた額、様になったあご髭《ひげ》、人をそらさない眼力に満ちた瞳は、どこか禅宗の開祖、達磨《だるま》を思わせた。彼はその大きな瞳で世界の動きに目を凝らしながら、故郷の大地に太い根を張ってきた。

マルケ州のウルビーノから車で20分ほどの丘陵地帯、人口６６０人のイゾラ・デル・ピアーノ、そのまた郊外の丘の上でジーノは暮らしていた。

50～60年代の激動の時代、この村もまた劇的な過疎を経験した。多くの若者たちが仕事を求めて都市へと消えていった。

「この農村部でも3分の2の農家が、村を棄《す》てて町に移り住んだり、工場に出稼ぎに行ったりした。この集落からも71年、最後の14家族が町へ移っていった。彼らが、まるで思い出を葬り去ろうとするかのように胡桃材のテーブルや機織り機を燃やし、それをじっと見守る姿は、今でも目に焼きついているよ」

ジーノは１９４６年、このイゾラ・デル・ピアーノに生まれた。祖母と両親、幼い弟たちがいた。だが、母親は彼が4歳の時、牛のエサを探しに森へ入って足を傷つけ、破傷風で亡くなった。ジーノは6歳から寄宿学校で学び、卒業後はバイク工場に就職した。一時はスイスへも働きに出たが、22歳の時、病に倒れた祖母を看病するために故郷へ戻った。

その頃、田舎へ戻る若者は今よりずっと希少だった。

「だが、農村が変貌したのは、そのせいだけではなかった。風景はちっとも変わらないのに、何かが違う。有機農業に出合うもっと以前、61年頃のことだ。その頃は、まだ原因に気づいていなかったが、多感な年頃の私に聞こえていたのは自然の叫びだった。近代農業によって抹殺されていく虫や微生物たちの叫びだった」

ジーノ・ジロロモーニ

ジーノの家は農家だった。狭い畑では小麦、豆、野菜や果実と、いろんなものを育てていた。羊や鶏を庭先で飼い、葡萄を育て自家製のワインを造った。農家の背後には森があり、そこでパンを焼く薪を調達し、豚や牛のエサを確保する。そして4頭の牛で畑を耕していた。

ところが、50年代末から普及した農薬と化学肥料によって土壌はすっかり疲弊し、虫も微生物もすめない死んだ大地に変わろうとしていた。

ジーノが、農場の一角に作り上げた「農民文化博物館」には、〝顔つきとその真価〟と題された妙な顔写真の展示がある。欺瞞《ぎまん》に満ちたガリバルディ（イタリア統一の英雄。しかし統一後、政治の中枢を北部の人間が占めたこともあり、南部では必ずしも人気があるわけではない）の写真の隣、やはり決して誉《ほ》められたものではない顔つきのフォン・リービッヒ男爵がいた。

彼は、産業革命の時代、化学合成された窒素、リン、カリウムを土壌に投入すれば、植物の生育が早まると発表し、近代農業の夜明けを築いた人物だ。だが、その写真の下に男爵の晩年の書簡の引用がある。

「私は、私の化学肥料についての研究が、現実ではない一つの仮定に基づくものだったことを、心から懺悔《ざんげ》したい。〈中略〉私は、創造主に対して罪を犯し、当然の罰を受けたのだ。私は、神の創造物を改良できると信じた。そして、その大いなる循環には、何かが足りないと信じていたのだ。私こそが、駆逐されるべき無力な虫であったのに」

この近代農業の父の悔悛《かいしゅん》の言葉は、ほとんど知られていない。

傑作なのは、その隣に貼られた面構《つらがま》えのいい人の写真だ。実はこれはジーノの祖父だ。貧しく働きづめで、顔には深いしわが刻み込まれているが、実直さが溢れている。

さて、農村の変貌を目《ま》の当たりにしたジーノは、6人の仲間たちと、早くから有機農業に取り組んでいたイーヴォ・トッツィを訪ねた。その時、振る舞われたサラダのおいしさに若者たちは衝撃を受け、以来、トッツィのことを師と仰ぐようになる。彼らはトッツィから、乳牛を数頭、貰い受けた。

モンテベッロの修道院。現在は一部がアグリトゥリズモになっている（後述）

「74年、私たちは丘の上に廃墟と化した修道院を見つけ、その土地を買おうと決めた。そこで私は、まず友人がくれた馬を飼い始めた。そうすれば、毎日、丘の上まで登ってくる義務ができるからね。そりゃ覚悟は要ったさ。周りはみんな気が変になったと言うし、最初は水も電気もトイレもない状況だったからね。テレビは今もないがね」

ジーノが購入した60ヘクタールほどの土地は、長く耕作放棄地だった。丘の上には14世紀に遡るモンテベッロの修道院が立っていた。17世紀に煉瓦造りに改修されたが、修道院解体以後は廃墟になって久しかった。若者たちは、これを少しずつ修復し、有機運動の拠点としていく。

「農村から若者たちが消えた後、70年代に、失われてゆく農村文化に関する論争が各地でさかんに起きた。メディアで取り上げられることもあった。文化人の中では、パゾリーニ（映画監督で詩人）は、農村の若者たちに好意的だった。あのモラヴィア（ネオレアリズモを代表する作家）でさえ、〃現代において健康的なものが残っているとすれば、それは農村だ〃と口にした。

しかし、友人で作家のパオロ・ヴォルポーニは悲観的だった。〃農村は貧しく搾取され、識字率も低い。そこで育った若者たちさえ、もはや博物館でも眺めるように地元を眺めている〃と。彼は、私がここの博物館を作った時にも、お前は悲惨さを剥製にする気かと喰ってかかってきた。だからこそ私は、ここへ戻って暮らすことにしたんだ」

農村に暮らし、その真の豊かさを取り戻し、表現するためだった。

農民文化博物館には、4世紀のローマ帝国が作製した古地図のコピーがあった。そこにはファーノ、ペーザロといったマルケ州の沿岸の町がすでに登場していた。

「その時代から1000m級のアペニン山脈の森の幸とアドリア海の海の幸に恵まれたマルケ州は、葡萄、オリーブオイル、小麦、豆類が収穫できる肥沃《ひよく》な大地だった。今もマルケ州は農業が盛んで、小麦の生産や畜産業、ビーツ、ひまわり、ハーブなどの栽培が特徴的だ。

人口の7％が農家で、30％が農業関連の仕事についているんだ」

ジーノは、郷土自慢を忘れなかった。

77年、オーガニック小麦の農業組合「アルチェ・ネーロ」を設立し、パスタ作りに乗り出す。その名は、ジーノの憧れの先住民のシャーマン「ブラック・エルク」のイタリア読みだった。ベストセラー『ブラック・エルクは語る』（ジョン・G・ナイハルト著、めるくまーる社）によって、この先住民の古老は精神世界のグルとなっていた。

「白人たちに先祖から受け継いだ大地を奪われ、滅ぼされた先住民が、近代社会の中で疎外されていく農民の姿に重なった。ちょっとおセンチだがね」

86年には「マルケ有機農業組合」を設立。彼らのコロニーには、思想家のイヴァン・イリイチ、作家のグイド・チェロネッティ、哲学者のマッシモ・カッチャーリ、ミュージシャンのジョヴァノッティといった文化人たちが出入りし、23歳で町長となったジーノが村のために企画した演劇やコンサートは、３００回を超えた。

96年、今度は「地中海有機農業組合」を立ち上げた。風土や宗教の違いを超えて地中海の国々にネットワークを広げ、おいしいオーガニックの風を吹かせることで、環境破壊や遺伝子組み換え食品の横溢《おういつ》といった流れに抗おうと呼びかけた。

だが99年、ジーノは、有機食品の販路を開拓するために手を組んだ組合や生協との企業理念の不一致から、30年近く育ててきた「アルチェ・ネーロ」の商標——矢を振り上げて馬に跨る男のトレードマークの売却を余議なくされる。

良くも悪くも頑固な人だった。

パスタ工場

*地方に散らばる小さなパスタ工場と製粉所は地方分権の象徴

ジーノは99年、修道院から見下ろせる丘の上に新しいパスタ工場を造った。

「上に民家がないことが大切だったんだ。丘の上ならば、間違いなく汚染されていない湧き水を確保できるからだ」

ジーノは、77年の「アルチェ・ネーロ」設立から数年後、パスタ作りに専念することにした。なぜパスタだったのか。

「パスタは、水と小麦しか使わない。何の混ぜ物もしないからだ。しかもアピシウス（最古のレシピ本『料理大全』を書いた古代ローマの美食家）の時代から存在するイタリアの風土に合った食べ物だからだ」

だが、軌道に乗るには大変な苦労があった。そこには、思わぬ法の落とし穴もあった。

「17世紀、人口35万人、当時ヨーロッパ最大の大都市として発展したナポリで、食文化が花咲き、マカロニにチーズをかけて食べ始めた。産業革命の頃には、ナポリの南トッレ・アヌンツィアータに54ものパスタ工場が誕生した。ところが60年代末、イタリア中に無数にあった小さなパスタ工場が消えていった。なぜかって？　67年、政府がパンやパスタはいかに作られるべきかという法律、５８０条を定めたからさ。この悪法のおかげで、石臼で粉を挽く各地の小さな製粉所がばたばたと潰れた。小麦の皮の繊維質が身体に悪いという奇妙な理由でね……」

　それは、その頃までイタリアのどこでも見られた水車の風景をも奪っていった。パスタやパンの職人たちにも大きな打撃だった。

「せっかく有機で育てた全粒粉のパスタを作れない。そこで私も何年もウルビーノの裁判所に足を運んで闘った。幸い裁判長は私たちに好意的だったが、何度か差し押さえにもあった。90年代になっても表示を偽装していると、20の生協から商品を回収させられたこともあった。結局、この悪法が96年に撤回されるまで、商品にはパスタと書けず、全粒粉と表示し続けなければならなかったんだ」

　15年以上もの闘いの間、ジーノたちが有機パスタ作りを続けてこられたのは、イタリアの法律を認めなかったドイツの消費者たちが買い支えてくれたからだった。

「なぜ、そんなバカなことが起こったのか。結局、大手の集約化への政府の便宜だった。その頃まで各地に１０００以上あった製粉所も、今や１００ちょっとだ。だから地方に散らばる小さな製粉所やパスタ工場は、地方分権の象徴なんだ。私がここを拠点にして目指すのは、地域性の復活なんだ。

　ブラック・エルクは言った。

〝聖なる山は世界の中心だ。

　そして、すべての場所が、世界の中心だ〟

とね。だから、私はこの修道院を、今も世界の中心だと信じているんだよ」

放牧中のマルキジャーナ牛

その後もジーノは、少しずつ休耕地や森を買い足し、３５０ヘクタールにまで増やした。
モンテベッロの修道院は、地中海有機農業組合の年に一度の集会所となり、その一角は、アグリトゥリズモになった。
丘では、在来の白いマルキジャーナ牛を放牧している。循環型農業のために、意地でも自分が死ぬまでは牛を飼い続けるのだという。

また、パスタ工場の周りでは、背の高い古代小麦を育てている。何でも、ある考古学者がエジプトの遺跡から持ち帰った種から蘇った小麦だそうで、その学者の夭折した娘の名に太陽神の「ラ」を添えて、「グラツィエッラ・ラ」と名づけた。

当初、ジーノは牛で耕すことにこだわったが、「自給自足の農業のままでは、有機農業はいずれ死を迎える」と確信してからは、耕作機を使うようになった。

パスタ工場の隣に2005年に建てられた倉庫は、集成材を使った木造のエコ建築だった。農場では、ソーラーパネルと風力の導入も検討していた。

*宗教の壁を超えていく有機運動

ジーノは厳格なカトリックだった。しかし、権力を持ち過ぎた教会には批判的だった。そして自分の信仰のあり方は、若い頃に憧れたパゾリーニに似ているという。

「パゾリーニは、キリストの生涯を描いた『奇跡の丘』（1964年、原題は『マタイによる福音書』）を製作するにあたって話を聞きにいった隠遁僧に、〃私は啓示を受けたパオロだ。しかし、馬の鐙《あぶみ》に足をとられたままのね〃と言ったそうだが、深く共感するね。彼は、現代における信仰の難しさを、足をとられ、馬に引きずられていく姿にたとえたんだ」

信仰を得ることで、むしろ深い苦悩へと追いやられる現代を、彼もまた嘆いた。

日本へ帰る前の晩、ジーノが、敷地内にある食堂『ロカンダ・ジロロモーニ』の葡萄棚の下に腰かけて、食事の前に話をしようという。

遠ざかるにつれて蒼の深まる、うねるような緑の丘の風景が目の前に広がっていた。遠くに、サン・レオの岸壁に聳える城が小さく見えた。

「あそこに見えるのが、かの有名なカリオストロの城だよ」

カリオストロは18世紀の錬金術師だ。ローマで異端の嫌疑をかけられ、獄死したとされるのが、その塔のような城だった。

「私は思うんだ。農村は、これまであまりにも、その良さを噛みしめるゆとりがなかった。大都会だって、今も大勢が貧困に喘いでいる。しかも都会では、苦労して働いた給料の３分の2が家賃に消えているという。農村から若者が消えた時代も、都会に出て働いた人の誰もが幸せだったとは限らなかった。ある記者が、アニエッリ会長に、当時のフィアットでは、一つの工場に２５００人もの工員たちを詰め込んで働かせるなんてことが、どうしてできたのかと詰め寄った。すると彼は、それは自分の考えではなく、当時はそういう時代だったんだ、と答えた。これほど無責任な答えはないな。

だがその工場も、今や人間の姿はまばらで、ロボットに席捲《せっけん》されつつある。さらなる弊害は、工業化以後、永遠に進化し発展するという西洋の経済成長モデルを、奇妙なことに誰もが疑いもせずに堂々と口にするようになったことだ。あれほど生活の美意識を持っていた日本人までもがな。

もっと稼ぎ、もっと権力を手に入れ、もっとヘルシーな暮らしを、というわけだ。過去に何度か起こった石油の高騰が生んだ混乱ぶりを見ただけでも、そんなものはありえないのは明白なのにな。

一方で60年代、ローマクラブは、人類の危機的状況にすでに気づいていた。農業や化学肥料、成長ホルモン、石油への過度な依存、広告の弊害といったものに。だが、みんな物忘れがひどいのか、近頃では誰も言及しなくなったじゃないか。あまり好きな表現じゃないが、今後の世界が目指すべきは、〝幸福な非成長〟ってやつだ。そろそろ、もっと経済成長しなければならないという強迫観念から人類は解放されるべきだな。

いいか、『創世記』の神が、最初の人類、アダムに告げた〝自然を支配し、服従させよ〟という言葉が、キリスト教社会の傲慢な世界観として、よく引用される。実際、遺伝子組み換え作物なんかで貪欲に稼ごうという連中は、それを地で行っているがね。ところが、昨今のアラム語の研究から、このフレーズは、〝自然を守り、いたわりなさい〟という翻訳の方が正しいとも指摘されているんだ。

私は〝自然を守り、いたわる〟ために、ここでこうしているんだ。大地を汚すことなく、知的好奇心も満たされるような、新しい文化的な農村を創るためにね。忘れてはならないのは、自然を創るのは、人類ではありえないということだ。我々には、せいぜい、これを育て、壊さないように知恵を絞ることしかできない。

私は厳格なカトリックだ。化学肥料によって近代農業に寄与したリービッヒは、晩年に後悔した。大自然の大いなる循環を忘れ、愚かな自分は神の創造物を改良できると信じていた、とね。私は死を迎えるにあたって後悔したくないだけだよ」

それからジーノは、何のてらいもなく言った。

「有機農業は、神の傷を癒す最善の方法だと信じているんだ」

ジーノの顔を照らしていた最後の夕日が消え、先ほどまで夕日を惜しむようにさえずっていた鳥たちもひっそり静まりかえっていた。

「いいかい、地中海有機農業組合の会長は、私一人ではない。各国に5人いる。数ある有機団体の中でも、この会は圧倒的に農民が多い。その最初の国際大会のテーマは、キリスト教、イスラム教、ユダヤ教が一つになって自然を守ろうという共同メッセージを発信できないか、というものだった。私は今、この3つの宗教がアブラハムの神という共通の神を持つことに深い関心を寄せている。宗教が、紛争の口実にされる今、大事な試みだと思うんだ」

そもそもキリスト教は、1世紀頃、ユダヤ教の改革運動から発生した。イエス・キリストも、弟子のペテロやヤコブもみな、ユダヤ教徒だった。そしてイスラム教は、そのキリスト教から7世紀頃になって生まれたものだ。アブラハムが、神への揺るぎない信仰を示すために息子イサクを犠牲に捧げようとしたモレクの山は、今もエルサレムで「神殿の丘」と呼ばれ、イスラム教やユダヤ教にとっても大切な聖地だった。

「ドイツの会長、ラプンツェル社のヨーゼフ・ヴィルヘルムに案内されたトルコの村で、私は300もの農民が有機農業に勤《いそ》しむ姿を目にしたよ。エトルスクの墓によく似た土まんじゅうの墓所のある面白い町でね。私たちが夢見て実現できなかった規模の有機の村が、そこにあった。

エジプトのセケムという団体は、オーストリアで名を成したイブラヒム・アヴォウライシュが、故郷に戻って立ち上げたものだが、今やオーガニックコットンでは世界随一だ。彼は広大な砂漠を買い、有機のハーブを栽培し始めた。不毛と呼ばれる地でのすばらしい挑戦だ。スペインでも、アルプス地方でも、ポルトガルでも、チュニジアでも、私は美しい顔に出会ったよ」

それから話題は、2004年、イギリスやフランス、ドイツで許可の下りた遺伝子組み換え栽培に及んだ。なぜ彼は反対なのか？

「人体や環境にどれほどの負荷を与えるか、予測不可能だからだ。それに生きた有機体について特許をとるなどというのは、人類始まって以来の暴挙だ。あのヒットラーでさえ、そんなことはしなかった。友人のチェロネッティも、〝ナチスも、ホイリゲで出すワインのアーリア度までは関知しなかった〟と皮肉っているがね。

第一、滋養のない虚《うつ》ろな食べものを増やしておいて、今度は遺伝子組み換え技術で作られた栄養補給食品で補填《ほてん》しようというのは、あまりに無理がある。それより有機農業で土壌さえ健康にしてやれば、みごとな栄養バランスを備えた小麦や野菜が食べられるじゃないか」

ひとしきり話した後で、ジーノはこちらに向き直り、力を込めた。

「いいか、有機運動というものを、ただ単に農業の技術改革といった狭い意味に捉えてはほしくない。これは純然たる文化の闘いなんだ。なぜなら、食というものは、ただの栄養補給ではないからだ、それは文化であり、環境であり、美意識であり、生命そのものだ。私たちの命を根底から支える農業というものの真価を忘れかけた人々に、その価値をもう一度伝え、人類の生き延びる道を模索する最良の手段、それが有機農業なんだ」

それから私たちは、おいしい黒オリーブときのこのパスタをいただいた。さらにトマトソースのニョッキ、サラダ、地鶏のグリルも。ワインやビール、オリーブオイル、バルサミコ、ビネガーもすべて有機という徹底ぶりだ。それが大都市の高級レストランではなく、こんな眺めのいい農村の庭で味わえるのが、最高だった。

2012年3月16日、書斎で仕事をしていたジーノは、心不全のため帰らぬ人となった。18歳の時から彼を支えてきた最愛の妻に先立たれた翌々年のことだった。

その後、農場は、次男のジョヴァンニと長男のサムエッレが支えている。また妹のアンナも農家民宿を手伝うようになった。組合の名は、〝ジロロモーニ〟に改めた。

ジョヴァンニによれば、遺伝子組み換え栽培は今もイタリアでは禁じられている。しかし、加工食品や家畜の飼料としてすでに流通する遺伝子組み換え食品への懸念から、この経済難にもかかわらず、国内での有機食材の消費はわずかずつだが伸びているという。

ジロロモーニ組合は、80の有機農家とつながり、パスタやトマトソース、オリーブオイルを世界に販売している。地中海有機農業組合は、現在、1万3000人の会員を持ち、イゾラ・デル・ピアーノでは、今年もオーガニック祭りを企画する。

日本の8割の大きさの国土を持つイタリアの有機農業は、2011年時点で、耕作面積100万2414ヘクタール、広さではわずかにスペインに抜かれたものの、農業生産全体の7・89％を占めるようになった。

ジーノの遺言を、雨も虫もずっと多い日本で有機農業に取り組む0・23％の農家と、減農薬を始めたすべての農家に捧げる。

あとがき　場所のセンスを取り戻すための処方箋

先日、里山の保全に力を注いでいる千賀裕太郎氏が、カナダの地理学者エドワード・レルフの『場所の現象学』（高野岳彦・阿部隆・石山美也子訳、ちくま学芸文庫）を読んでごらんと教えてくれた。

邦訳は１９９９年だが、原本が書かれたのは１９７６年のことで、原題は「Place and Placelessness」という。その『場所の現象学』の中で、場の喪失である「没場所性」という造語を、レルフはこんなふうに説明する。

「没場所性」とは、個性的な場所の無造作な破壊と場所の意義に対するセンスの欠如がもたらす規格化された景観の形成である。

「没場所性」とは、どの場所も外見ばかりか雰囲気まで同じようになってしまい、場所のアイデンティティが、どれも同じようなあたりさわりのない経験しか与えなくなってしまうほどにまで弱められてしまうことである。

没場所性とは、意義ある場所をなくした環境と、場所のもつ意義を認めない潜在的姿勢の両者を指す。

そして、都心の高層ビル群、郊外のニュータウンの町並み、道路沿いの景観、大型商業施設やチェーン店、おしつけがましい広告、ディスニー化や未来化といったものが生み出す画一的で、均質的な空間は、マスコミ、大衆文化、大企業、強力な中央権力、これらすべてを内包する経済システムによって、常に促進されていくのだという。

一方、レルフが「場所」と呼ぶものは何か。

彼は、場所というものが、「人間の秩序と自然の秩序の融合体」であり、人間にとって「世界の意義深い中心である」以上、そろそろ現代人は、場所についてのセンスを取り戻すべきではないかと投げかける。ただ、それは単に古い場所の保存によるのではなく、個人や社会集団が、自らの暮らしにリズムや意義を与え、アイデンティティをもたらす場所を作ろうと試み、そこに暮らすことによって生まれるのだという。

没場所性の増殖について、レルフは決して楽観視はしないながらも、最後の方では希望を仄めかす。

意義深い場所と結びつきたいという根深い人間的な欲求が存在する。〈中略〉もし私たちがその欲求に応えて没場所性を克服するなら、場所が人間のためにあり、場所が多様な人間の経験を反映し高めるような環境が生まれる可能性が存在する。

この地理学者の問いから、すでに30年以上が経過した。さて、私たちを取り巻く状況はどう変化したのだろう。残念ながら、この没場所化は、なおも勢いを失っていないように見える。

しかし、私はというと、自分の暮らす郊外の町並みに悪態をつきながらも、そして、どこかですっかりこの没個性的な場に慣れ切っている自分を反省しながらも、ちっとも悲観などしていない。でなければ、わざわざ、こんな本を書くはずもない。世界には、そして国内にも、まだまだ本物の場所づくりを諦めない人たちがたくさんいて、この世には、心を揺さぶる絶景や温かな人間くさい路地が方々に残っているからである。

加えて、問題の大部分が、「場所の意義に対するセンスの欠如」、つまり、場所に対して無頓着になってしまうという私たちの内側にあることがわかったのならば、処方箋はいくらもあるはずだからだ。

私は、この本で町づくりの成功事例を並べたわけではない。今も地球のどこかに諦めない人々がたくさんいることを伝えたかっただけだ。

彼らのふんばりから、多様でかけがえのない場所を取り戻すことが、環境破壊をこれ以上進めないこと、そして、グローバル経済の中で、ともすれば犠牲となっている農村や離島といった地域の経済を立て直すことにつながることがわかるだろう。美意識だけの問題ではない。一幅の絵のような農村景観とともに守りたいのは、悲鳴を上げている自然そのものである。

効率性を追求する大量生産と大量消費のあり方が、町や農村の風景までも均質化させてきたのならば、そろそろ、この大人気ない均質化への迎合に抗い、日々の充足感を問うべきではないだろうか。

以下、この没場所化を克服するためのポイントを、本文で歩いてきた地域に学びながら、まとめてみた。ぜひ参考にしてほしい。

＊①交流の場をどんどん増やそう

「生きている上で必要なものは何か。仕事や家や車やテレビ、ヴァカンスを手に入れたからといって、人はそれだけでは決して生きていけない。魚にとって水が必要なように、人が生きていく上で根源的なもの、それは環境であり、人間サイズの、ほどよい大きさの町だ」

グレーヴェ・イン・キアンティ（1章）の広場で、パオロ・サトゥルニーニは、そう力説した。そして、その町に生気を与えるもの、それは交流の場だ、と。

それは山村や離島だけではなく、都心においても、郊外の住宅地においても同じことである。昨今、わが家の近所では、行き場のないリタイア族がさすらう姿をよく目にする。盆栽やゲートボールを楽しめる人は幸いだ。しかし、真夏の夜、閑散としたスーパーの一角で涼む彼らの姿に、心が痛む。どっか、他に行くとこはないのかい？　と叫びたくなる。彼らのことが気になるのは、きっとどこかで、明日はわが身だと思っているからである。

ないものねだりはよくないが、その点、イタリアのリタイア組はまだ、幸せそうである。顔馴染みのバールや広場のベンチによく溜まっている。

バールというのは、日本の喫茶店に似ているが、立ち飲みが中心で、夕方には酒も出せば、軽食も出る便利なカフェである。サッカーファンの店だったり、村の寄り合い所だったり、〝ハイソサ〟の社交場だったり、店にはすこぶる個性があり、棲み分けもできている。

詳しくは、拙書『バール・コーヒー、イタリア人――グローバル化もなんのその』（光文社新書）を一読されたいが、要するに、寄り合い所としてうまく機能しており、そのことが大手チェーン店の侵食を防いでいる。日本なら、さしずめ一杯飲み屋なのだろうか。いずれにしろ、病院の待合室に溜まるより、健康的である。

それにイタリアは、知られざるボランティア大国で、6人に1人が何らかの活動に身を置いている。それも取材してみると、誰かのために、などと大上段に構える人は少なく、身体の不自由な人の送り迎えも、移民の世話や浮浪者の食事支援も、自分を活かす場づくりである。そうした経済目的だけではない活動が、交流の場を育てている。

グレーヴェでは、たとえば地産地消の食堂が、近郊の農家とシェフをつなぎ、新しいオーガニック市や夜市が、Iターン農家の社交所となったように（1章）、日本でもどんどん交流の場が増えれば楽しい。峠の茶屋の復活でもいい、エコ・カフェでもいい、フリーマーケットでもいい、直売所の進化系でもいい、子供映画祭でもいい、森のコンサートでもいい、山村ボランティアでもいい、何だっていい。

＊②魅力的な個人店は、意地でも買い支えよう

実家の母親が、2年前に脳内出血で倒れた。母は、東京の大手不動産会社が30年前に分譲した住宅地に父と暮らしていた。しかし、商店街は、今や肉屋と酒屋がかろうじて生き残るばかり。歩いていける地元のスーパーは、隣町への大手スーパーの進出によって潰れ、国道沿いにはコンビニだけ。母は、半分、買い物難民化し、バスに乗り、細い身体に鞭《むち》打って隣町の大手スーパーまで通って買い物していたのが、ストレスの一つだったたと思う。

今はリハビリを終え、杖もなしで歩くまでに回復し、父と高齢者専用マンションに引っ越した。すると、そのすぐそばに九州一とも囁かれる巨大ショッピングセンターが出現した。周囲の個人店は、狸《たぬき》の住処だった林もろともなぎ倒され、何とも殺風景な空間になってしまった。その最大手は植林事業に力を注いでいるそうなので、四角い植え込みの範囲だけなどと遠慮せず、いっそ店舗が見えなくなるほど迫力のある森を各地に出現させてほしい。

都心にしても、最後の砦《とりで》と思いをかけていた中央線沿いが、近頃、薄らさみしい変貌を遂げている。

このままでは、近所に良質のホッチキスを売る文房具屋も、個性ある本屋も、香りのいいカフェも、子供と通える饅頭屋も、比内鶏のガラがある鶏専門店も、昼から一杯ひっかけられるそば屋も、安さより農家を愛する八百屋も、消えてしまう。挙句の果てに、老人たちは、地方でも、都市の郊外でも買い物難民と化し、カートを押すおばあさんやベビーカーのお母さんは、炎天下を黙々と大型店舗に通う。これが先進国のあらまほしき姿だろうか。と気がつけば、またグチの塊と化している。

商店街は、なぜなぎ倒されてしまったのか？　『商店街はなぜ滅びるのか』（新雅史著、光文社新書）の著者は、北九州の実家が商店街でコンビニを経営しているという社会学者である。それによれば、日本の商店街の歴史は案外と浅く、第一次世界大戦後、よき地域づくりの一環として生まれたもので、基本が素人によるにわか商売なのだという。そこに大手コンビニやチェーン店の増殖、さらに90年代、中小小売店の牙城だった大店法の改悪によって、大型店舗が一気に進出してきた。車が買い物の主なツールとなり、買い物の場が駅前から国道沿いに移ったこともある。

ところが、商店街をなぎ倒してきたコンビニさえも、そろそろ淘汰《とうた》の時代に入っているのだという。そういえば、一部の安心安全派は、産地とつながる宅配サービスを利用している。友は「何でもネットで買った方が安いよ」とささやく。

つまり、歩いて買い物を楽しむ文化そのものが、危機に瀕しているのだろうか。

そんな中、「景観法」を活用し、大型ショッピングセンターを撃退したカステルノーヴォ・ネ・モンティ（5章）の話は、純朴だけど魅力的だ。

「世界中に増えていく大型ショッピングセンターの人工的で画一的な空間」より「壁は緑の森」、「天井は青空」、「澄んだ空気を吸い、気持ちよく散歩しながらショッピングを楽しむ方が、人間、ずっと幸せじゃありませんか」。なぜってそれは「町の歴史そのものであり、町の顔であり、町の個性なのです」。

各町に固有の自然と街並み、そして個人店が作り上げる青空ショッピングセンターの保護活動は、今やイタリア全体に広がっている。

＊③散歩をしながら、地元のあるもの探しをしよう！

前述の私のように、あれがない、これがないとグチばかり言っても、結局、自分のことを棚に上げているうちは何も変わらない。そんな、自分の立ち位置を忘れがちな人にお勧めなのが、地元学である。

「グチから自治へ」

グチを言いながら暮らすのは、心にもよろしくない。

これは、東北の山村を歩き倒した民俗学者の結城登美雄さんが提唱し、公害病に苦しんだ熊本県の水俣市で役場の職員だった吉本哲郎さんが、環境の町づくりの中で実践した「地元学」の心得である。

そして、それ以上に大切なスローガンは、

「ないものねだりから、あるもの探し」

ないものを数え上げるより、今ここにあるものをもっと知ろう、というものだ。

首からカメラをさげ、地図と聴き書きのためのメモを手に、仲間たちと町の驚きを探す。やってみるのが何よりだが、ざくざく出てくる。美しい森や川の絶景スポットがあり、湧き水があり、珍しい在来種があり、希少な漁があり、旬の野菜があり、腕のいい職人がいて、面白い専門店があり、意外な歴史の断片があり、歴史博士もいる。できれば、地元を新鮮な目で見つめることができる、よそ者にも参加してもらおう。

こうして見つけたものを、テーマごとに絵地図にまとめてみる。へえ、こんなにいろいろあるのねえ、という驚きを共有し、そこから何ができるかを考える。

私は、この地元学が、全国各地の小学校から大学、商工会に老人会まであまねく流行すれば、日本は大丈夫なような気さえしている。

かつて、何にもない砂漠とまで揶揄された過疎の田舎から、世界が羨む豊かな農村へと変貌したトスカーナ州のキアンティ地方（１章）でも、80年代に起こったのは、やはり〝ないものねだりから、あるもの探し〟への頭の切り換えだった。

高速道路もない、派手な美術品もない、海もない、そう地元の人が考えていたキアンティ地方に移住したよそ者が、澄んだ空気と緑の丘、ワインやオリーブの名産地といったあるものに気づかせてくれた。そこから、ものづくりの質の向上、農村観光の拠点づくり、地産地消の店づくり、在来種の再発見、風景を整えるといった意識が生まれていった。

今、世界から人が訪れるどんな農村観光の聖地にも、どん底の時代はあったのである。

＊④ゆっくり歩いて楽しめる町を育てよう！

人口1万5000人以下の小さな町と村の連合、「イタリアの美しい村」（4章、8章）の最大の魅力は、旧市街の交通規制にある。そこに辿り着くまでは、思い切り車のお世話になるが、いざ町を楽しむ時には、車の騒音からも排ガスからも自由になれる。ゆっくりと歩いて楽しめる。相変わらず、道路行政が町を不粋にしていく日本だが、温泉街や古い町並みの残る地区は、どんどん交通規制を設けたらいい。そうやって、小さな子供がいる家族やお年寄りも、ほっと一息つけるような空間をもっと増やしてほしいと思う。

鄙《ひな》びた山中の温泉や、直売所へ買い出しに行く時、車はやっぱりありがたい。しかし、都心のコンクリートの立体交差にしても、川をすっぽり覆う高速道路にしても、何とも重苦しく、圧迫感のある空間だ。日陰一つない田舎の国道も、騒音や排ガス中で歩くほどに苦痛である。せめて緑のトンネルといった一工夫ができなかったものかと、いつも思う。

日本では、あまりにも車で移動することを前提とした構造が目につき過ぎる。路上でも、歩行者優先が原則だというのに、歩行者は常に小さくなっている。それに、電信柱が狭い歩道の真ん中に立っていることが多い。車椅子の人などは、車が通らない隙を見計らって、ささっと電信柱の陰から躍り出て、また戻る。まさに日々、サバイバルである。

これは、日陰もない、ベンチもない炎天下や真冬のバス停で待たされる老人たちも同じことだ。このままでは、四国のお遍路さんたちも、ありがたいはずの巡礼道で排ガスと騒音で寿命を縮めかねない。

失礼、またグチってしまった。

そこでバカバカしいようだが、スローシティの条件として「ベンチは充分にあるか」というのは面白い（2章）。老人だけでなく、足の悪い人にも、身重の人にも、ちょっと休める場所があることは大事だし、それだけで町の印象も違う。座れる場所がたくさんあること、それは歩いて楽しめる町の最低条件でもある。

また、フェラーラ、ヴェローナ、クレモーナといった北部の町を中心に、町中はできるだけ自転車で移動しようという運動も広がっている。それに応じて、自転車専用道や貸し自転車スポット、サイクリングコースの整備は、スローな町の条項にも挙がっている。各地で排ガス問題が深刻化し、幼児の喘息《ぜんそく》なども増加したことを受けての大きな流れである。

イタリアでも大学出の雇用が減り、嘱託の薄給も社会問題となっており、日本のように若者の車離れが進んでいる。車はあるが買い物は自転車でというスタイルも浸透し、そのため、1週間分を大型店でまとめ買いするのではなく、商店街や市場を利用する人も増えた。

誰も通らない無駄な道路を造って臨時雇用を増やすより、そうした人に優しい町づくりを進める方が雇用創出につながりはしないだろうか。

＊⑤どうせやるなら、あっと驚く奇抜な祭りを！

サン・ダニエーレの生ハム祭り（3章）にしても、ただ集まって賑やかにいただくという食の祭りは多いが、せっかく手間暇をかけるのなら、もっと話題性があり、町の宣伝に効果的なものであるに越したことはない。

これもスローシティの一つだが、北イタリアのガルダ湖の南、その水が流れ込むミンチョ川に面したヴァレッジョ・スル・ミンチョという小さな町がある。

この町は、郷土料理を真ん中にした「ノード・ダモーレ」という祭りで知られている。ここには、ミンチョ川にかかるヴィスコンティ家の橋が残っているのだが、何と橋の上に600mの長い長いテーブルを並べ、それに真っ白なクロスをかけ、そこで3000人がきちんと腰かけて、この郷土料理をいただくというだけの祭りである。

その祭りは、1993年、ミラノ公ヴィスコンティ家のジャン・ガレアッツォが建設した橋の600周年記念を祝って誕生したという。600周年だから600mなのだろう。

主役の「ノード・ダモーレ」、直訳すると〝愛の結び目〟といういきざな名前の料理は、こ

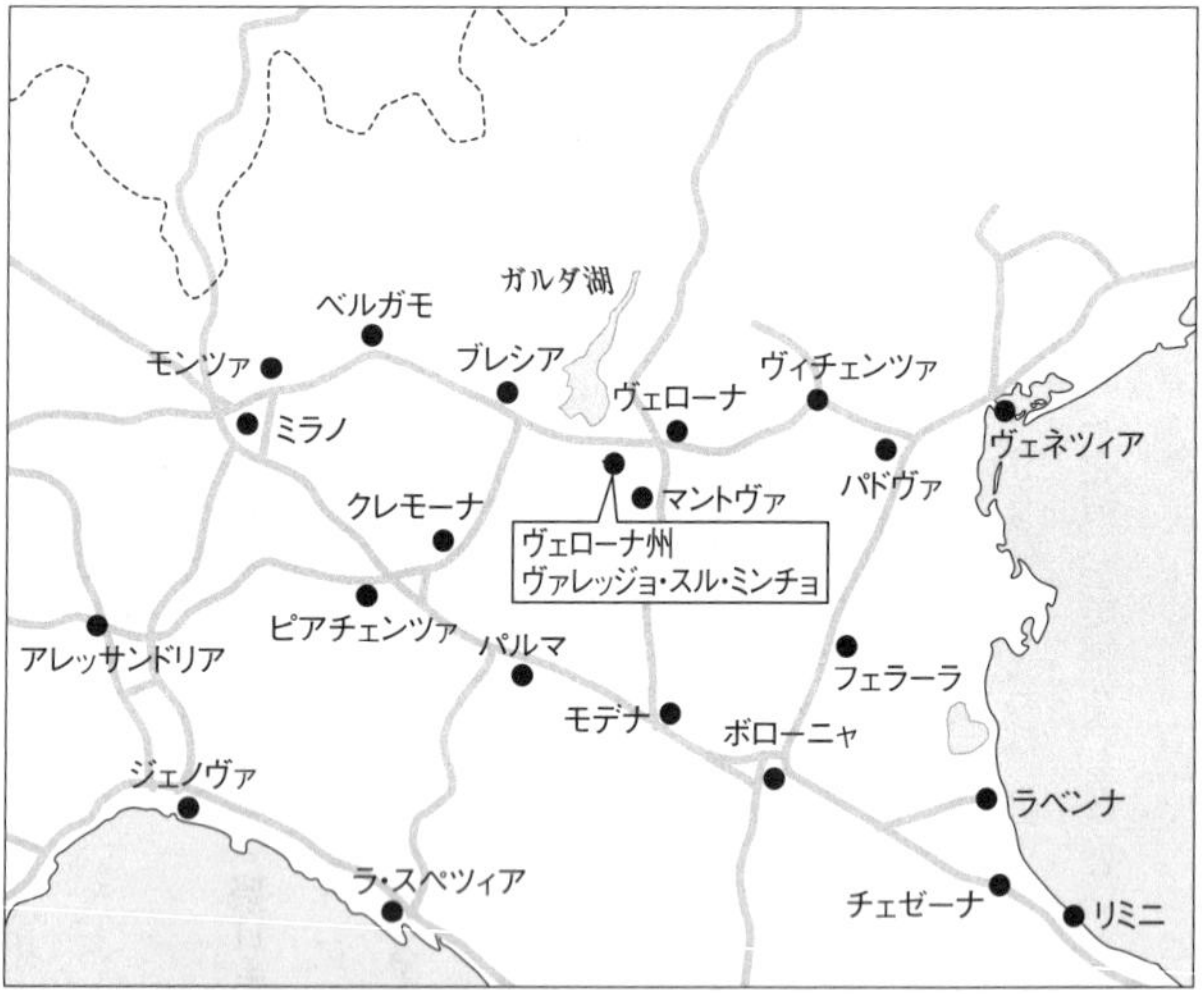

の地域限定の皮の薄い、ラビオリのスープパスタである。トマトも使わない澄んだ肉のダシは、何度味わってもどこか中華風味で、ヴェネチア帝国の交易範囲の広さを思わせる。

まあ、慌てて3000人分作ったものが、心底、おいしいかどうかはさておき、花火も上がる中、長いテーブルで郷土料理をいただくというばかばかしい祭りのビジュアルが受けて、町は大いに活気づいた。運営の母体は、地元の商工会の40軒のレストランである。

もはや、スローシティの間で定番になっている、〝マンジャロンガ〟という祭りの形式があって、そちらの方がもう少しきめが細かい。

詳しくは、やはり拙書『スローフードな人生!』(新潮文庫)のブラの村祭りの章を参照していただきたいが、村の入り口で、まず参加料を支払い、ミシン目入りのチケットを貰う。そのチケットには、前菜・ワイン・プリモ・セコンド・チーズ・ドルチェなどと書いてあり、渡された地図を頼りに、たとえば、商店街の肉屋、老舗のカフェ、貴族の庭園、小学校の校庭、役場の踊り場、公園など、いろいろな場所に仕込まれた郷土料理や地元のワインを味わいながら、気がつけば、その町を歩いて楽しんでいるという趣向だ。この時、つまらないようで大切なのは、両腕を解放してくれる、首から下げるワイングラス・ホルダーだ。

この〝マンジャロンガ〟は各地に飛び火し、今や、シーズンオフに観光客を呼びこもうと、秋祭り、クリスマス、復活祭などと季節ごとに、町や村でさかんに企画されている。

また、アマルフィ海岸のレモンツアー（6章）やフェラガモの農園でのキアーナ牛のカルパッチョ（7章）のように、世界でその地でしか味わえない在来種は、もはや当たり前に、質の高い食の観光の目玉であり、そうした試みが、地域の農業を持続可能にしている。

昨今では、どうせ身体を動かすならば、もっと歩きたいという人々のために、たとえば、ピエモンテ州のワインの名産地で、バローロ村から出発し、幾つかの丘を歩きながらワイナリーを飲み歩くという、健康志向とは微妙に相容れない〝マンジャロンガ〟も話題となった。これは別名、〝ガストロノミー・マラソン〟と呼ばれているらしい。

*⑥水がただで出てくるありがたさを今、噛みしめよう！

庶民的な食堂に入ってお水がただでぽんと出る。飲んでも寄生虫や感染の心配もない。そんな国は、世界中で日本くらいのものである。地震も多く、大水も地崩れも起こるし、豪雪地帯もあって、なかなか激しい地形と気候だが、その分、水は世界一豊かである。

それは、自慢してもしすぎではない日本の美点である。

にもかかわらず、そのありがたさにあまり気づいていない人が多いのは残念至極。

イタリアの都市部では、もう長いこと水道水が信用できない。カルキ臭いと、ペットボトルの水を買うのが慣習化していた。ところが昨今、アルプス山岳地帯を満たすイタリアのおいしいミネラルウォーターが、ことごとく多国籍企業に買収されていく。

そこでこの10年、じわじわと増えているのが、自治体も推進する無料の浄水器である（3章）。運搬やプラスチックの製造によって、地球に負荷をかけるペットボトルの水から脱却して、地元の地下水を飲もうというわけだ。

イタリアの水源がそんなふうならば、日本は大丈夫なのだろうか？

北海道や三重県では、水源の山がすでに外国資本に買われ始めているという。ペットボトルの水は、冗談のようだが、もはや牛乳よりも石油よりも高くなった。今、水源の森を守ることは、町づくりの大事な課題である。この根本には、貿易自由化によって、木材の8割を外国に依存するようになったことがある。それによって山が荒れてしまったのだ。山は一度、人間が手を入れたら、ずっと手をかけ続けなければ荒れてしまう。雨が降り、その水を山が溜め、浄化し、湧き水となり、川に注ぎ、それが海の幸をも豊かにする。山間地が7割の日本では、水源である山村の暮らしが存続することが大切である。

わが家のそばの川は、三面コンクリート張りで窮屈そうだ。その淀んだ川で水浴びをする渡り鳥も、不憫《ふびん》である。サン・ダニエーレの原始的な姿を残す大河ではないが、川らしい川の流れる町は幸いだ。そして、塩害に苦しむ地元の川を見て見ぬふりをして、利潤追求に走るところに、真の名産品の生ハムなどありえないと町長は訴えた（3章）。いかに自然との折り合いをつけるかが、地域の豊かさを維持できるかの鍵である。

水質の良さでは随一の最上川の上流では、またぞろダム工事が進んでいるという。関東の料亭も愛《め》でる最高級のアユの風味が、永遠に失われはしないかと気がかりである。

＊⑦エネルギー問題は、長い長いスパンで考えてみよう

原発に反対し続け、かれこれ30年になる山口県の祝島を訪れた。瀬戸内海に浮かぶハート形の島だ。対岸3・5㎞の場所に、上関《かみのせき》原発の建設予定地が見える。その間には、煌《きら》めく青い海が横たわっている。多額の補償金をはねつけて反対してきた漁師たちは、鯛の一本釣りなど、天然魚やひじきを捕る昔ながらの暮らしをしている。祝島は山がちな地形で、斜面ではびわやみかん、棚田では米も育てている。島の人口は５００人ほどだ。

そこで２０１２年、１０００年の未来を見据えて「祝島自然エネルギー１００％プロジェクト」が立ち上げられた。ソーラーパネルなどを設置し、暮らしを見直し、エネルギー自給の道を模索しようというものだ。

１０００年先を見据えると言ったら、原発推進派は、そんな先のことを考えてんだ、と笑ったそうだが、これには根拠がある。島には１２００年続く4年に一度の「神舞《かんまい》」という祭りがある。農耕の始まりに感謝する祭りだ。つまり、少なくとも１０００年以上、この島では農業と漁業で自給的暮らしを続けてきたという自負がある。

美しい海と山さえあれば、何とか生きていける。

だから、そのおおもとである海や山を失うような計画には、承服しかねるのだ。

東京電力福島第一原発事故は、世界のエネルギー政策に大きな転換期をもたらしたと言われる。国を挙げて脱原発に動き出したドイツの事例がよく紹介されるが、あの事故は日本と同じく地震大国であるイタリアにも大きな影響を与えた。

国民投票によって、政府の新しい原発建設計画を凍結し、プーリア州など南部では風力・太陽光による再生可能エネルギー事業が急ピッチで進んでいる（８章）。

日本は戦後、あまりにも目先のことばかり追いかけ過ぎたのではないか。原発でさえ、道路やトンネルや農業用水路と同じく経年劣化が問題化している。たった40年ほどの寿命だというのに、下手をすると、人類が絶滅するまでかかっても処理できない危険な廃棄物を生み出すではないか。

だから、エネルギー問題は、祝島に倣って長い長いスパンで考えるべきである。

*⑧そろそろ、人を惹きつけるような美しい町を創ろう

日本人の美意識は、細部に宿るという人がいる。町はどこもぱっとしないけれど、幕の内弁当や和菓子、生け花や竹細工、コンピュータやロボットの内部、そうした細部の技にしか宿らない美意識だとすれば、ちょっと寂しい。

戦後は、復興でそれどころではなかったというのなら、これから創ればいい。そろそろ日本にも、駅に着いたとたんはっとするような美しい町並みや、港に降り立ったとたんうっとりするような島が、生まれてもいい頃だ。

陸前高田の老舗「八木澤商店」の河野和義さんに再会した。すると、津波で壊滅してしまったゼロメートル地帯のその町に、12mの巨大なコンクリートの防波堤を建築するという計画が進んでいると言って、肩を落とすではないか。

その昔、河野さんの親父さんは、地元の漁師たちに混じって火力発電所の建設に反対し、あの有名な千本松原を守った一人だった。しかし、１０００年に一度とも言われる大津波は、その松原さえ奪った。残った奇跡の一本も、保存のために切り倒された。

河野さんは、地域に「地元学」を広め、町づくりにも奮闘してきた人だ。その国内の大豆で作る昔ながらの醤油、生揚は、全国にファンがいた。２００年を生き延びた古い土蔵が自慢だった。だが、その蔵も津波に飲まれた。

「あの蔵はね、すっかり溶けてなくなったんだよ」

木材と土とわらでできた蔵のあっぱれな最後だった。

しかし、何もなくなった後でも、海は相変わらず美しかった。

そこに海と町とを分断する12ｍの不粋なコンクリートの建造物が立ちはだかる。はたしてそんな町に、人は心惹かれるだろうか。

河野さんは、「千年の森構想」に期待していた。瓦礫《がれき》の7割は木材だ。あたりは木の香りがしていた。その瓦礫を集めて高い丘を造り、少しずつ植林し、長い時間をかけて緑の森を創る。コンクリートの防波堤ではなく、緑の防波堤に変えよう、というのだ。

「どうせ海が見えないのなら、せめて森の向こうには海がある、そこに登れば海が見えるって方がきれいじゃない」

なぜ、ずっと町づくりを率先してきた住民の思いが通らないのだろう。と思うが、家が残った住民の中には、一刻も早く巨大防波堤で安心したいという声もあるのだそうだ。

別に、コンクリートを目の敵にするわけではない。しかし、美しい農村の風景とは何か。それは、ただ美意識だけの問題ではない。マルコーニ町長も言ったように「大地とつながっているという感覚を、暮らしや町づくりに浸透させていくこと」だ。

陸前高田の日本一とも言われた9mもの防波堤は、津波で大破し、無残な残骸を晒していた。だから、次は12mだというのだろうか。確かに多くの人が津波の犠牲になったが、昔から海の恩恵を受けて育ってきた町なのだ。

陸前高田だけではない。どうか、美しい三陸海岸の町々を不粋な町にしないでくださいと、この場を借りて関係者の方々に心からお願いしたいと思う。

島村菜津（しまむらなつ）

ノンフィクション作家。1963年福岡県生まれ。東京藝術大学美術学部芸術学科卒業後、イタリア各地に滞在しながら、雑誌に寄稿。'98年、ヴァチカンのエクソシストらに取材した『エクソシストとの対話』で21世紀国際ノンフィクション大賞（現・小学館ノンフィクション大賞）優秀賞受賞。著書に『スローフードな人生！』『スローフードな日本！』（以上、新潮文庫）、『バール、コーヒー、イタリア人』（光文社新書）、『スローな未来へ』（小学館）、『エクソシストとの対話』（講談社文庫）など。近刊に『生きる場所のつくりかた』（家の光協会）がある。

スローシティ　世界《せかい》の均質化《きんしつか》と闘《たたか》うイタリアの小《ちい》さな町《まち》

2013年3月20日初版1刷発行
2019年12月15日　　4刷発行

著　者 —— 島村菜津
発行者 —— 田邉浩司
装　幀 —— アラン・チャン
印刷所 —— 堀内印刷
製本所 —— 榎本製本
発行所 —— 株式会社光文社
東京都文京区音羽1-16-6（〒112-8011）
https://www.kobunsha.com/
電　話 —— 編集部03（5395）8289　書籍販売部03（5395）8116
業務部03（5395）8125
メール —— sinsyo@kobunsha.com

ISBN 978-4-334-03736-9